国家示范（骨干）高职院校重点建设专业优质核心课程系列教材

PHP+MySQL 开发实战

主 编 刘 坤

副主编 杨正校 刘 静 普 星 沈 啸

内 容 提 要

本书从初学者的角度出发，通过浅显易懂的语言，丰富的项目实战，对 PHP、MySQL 进行小型系统开发应该掌握的各方面技术进行详细阐述。依据 PHP+MySQL 技术学习过程，设计了 6 个具体项目，每个项目又由若干的模块和任务构成，循序渐进、由浅入深，让学生在完成任务的过程中学到知识和技能，很好地体现"任务驱动、项目载体"的理念。6 个项目分别是 PHP 环境搭建、PHP 编程技术、MySQL 编程技术、使用 PHP 开发设计同学录系统、系统移植以及 Linux 基本操作，分别从 LAMP、WAMP 环境搭建到项目设计实施进行具体介绍，涉及实施的关键部分都有实施代码，可以使读者轻松掌握 PHP、MySQL 开发的精髓，快速掌握 PHP 编程、开发技术。

本书配有电子教案，读者可以从中国水利水电出版社网站和万水书苑免费下载，网址为：http://www.waterpub.com.cn/softdown/和 http://www.wsbookshow.com。

图书在版编目（CIP）数据

PHP+MySQL开发实战 / 刘坤主编. -- 北京：中国水利水电出版社，2015.1
国家示范（骨干）高职院校重点建设专业优质核心课程系列教材
ISBN 978-7-5170-2791-1

Ⅰ. ①P… Ⅱ. ①刘… Ⅲ. ①PHP语言－程序设计－高等职业教育－教材②关系数据库系统－高等职业教育－教材 Ⅳ. ①TP312②TP311.138

中国版本图书馆CIP数据核字(2014)第308674号

策划编辑：石永峰　　责任编辑：陈洁　　封面设计：李佳

书　名	国家示范（骨干）高职院校重点建设专业优质核心课程系列教材 PHP+MySQL 开发实战
作　者	主　编　刘坤 副主编　杨正校　刘　静　普　星　沈　啸
出版发行	中国水利水电出版社 （北京市海淀区玉渊潭南路 1 号 D 座　100038） 网址：www.waterpub.com.cn E-mail：mchannel@263.net（万水） 　　　　sales@waterpub.com.cn 电话：（010）68367658（发行部）、82562819（万水）
经　售	北京科水图书销售中心（零售） 电话：（010）88383994、63202643、68545874 全国各地新华书店和相关出版物销售网点
排　版	北京万水电子信息有限公司
印　刷	北京蓝空印刷厂
规　格	184mm×260mm　16 开本　14.5 印张　369 千字
版　次	2015 年 1 月第 1 版　2015 年 1 月第 1 次印刷
印　数	0001—3000 册
定　价	29.00 元

凡购买我社图书，如有缺页、倒页、脱页的，本社发行部负责调换
版权所有·侵权必究

前　言

随着开源潮流的蓬勃发展，用来开发源代码的 PHP 已经与 J2EE 和.NET 商业软件形成三足鼎立的局面，目前越来越多的公司和企业采用 LAMP 技术开发系统。本书可以使读者掌握 Linux 操作系统的安装使用、Apache 服务器安装配置和 MySQL 数据库安装配置，以及 PHP 编程技巧，结合项目实战，掌握 PHP 开发 Web 框架的搭建和完整的开发过程。

本书打破了传统的学科体系，根据项目化教学需要，以项目—模块—任务来组织内容，最后以同学录系统综合项目为实践，给出了完整的 PHP+MySQL 系统开发设计详细过程，将 Apache、PHP 编程技术、MySQL 数据库技术融为一体。教材设计中不强求理论体系的完整性，以够用为度，以实用为标准。整个项目任务循序递进，先分别讲解了 LAMP、WAMP 各技术的学习，又通过综合项目将各部分贯通起来，在学习过程中着重培养了学生独立思考问题和主动解决问题的能力及团队合作精神。

本书依据 PHP+MySQL 学习过程，从 Linux 操作系统安装使用、PHP 分别在 Windows 系统和 Linux 系统下的搭建、MySQL 数据库技术、PHP 编程技术、综合实训项目安排组织内容。对每个项目中的各个具体的任务都做了详细地分析及操作讲解。5 个项目学习完成后能够掌握 LAMP、WAMP 环境搭建及系统开发，学生成就感强。让学生通过完成具体任务学习知识和技能，真正做到了做中学、学中做，体现了学生为主体的思想。教材每个项目后都有相关知识讲解以及拓展任务训练，便于同学们课后的复习与训练。

本书讲解详实，通俗易懂，容易上手，对于初次学习 LAMP、WAMP 技术的同学非常实用，书中的代码在 Zend Studio 9.0 环境下全部通过测试。本书可作为高职、大中专院校师生和计算机培训班的教材，也可作 LAMP、PHP 编程技术的专业技术参考书，同时可作为业余爱好者的自学用书。

本书由刘坤主编，参与部分编写工作的还有杨正校、刘静、普星、沈啸等。参与本书编写的人员全部来自长期从事教学一线和系统设计制作工作岗位的教师和工程师，具有丰富的系统设计与开发经验。本书是 2014 年江苏省中高等职业教育衔接课程体系建设立项课题《基于校企共建专业的中高职衔接的研究与实践》的研究成果。

在撰写本书过程中参考了大量书籍和资料，在此对这些书籍和资料的作者表示最诚挚的谢意。

在编写过程中，我们力求精益求精、全面周到，由于编者水平有限，难免有疏漏和不妥之处，恳请专家、同仁和广大读者批评指正。

编　者
2014 年 10 月

目 录

前言

第1章 PHP环境搭建 ················ 1
1.1 Linux上PHP开发环境搭建 ········ 1
  任务1 在虚拟机中安装VMware tools ······ 1
  任务2 Linux下Apache服务器安装与配置 2
  任务3 Linux下MySQL数据库安装与配置 3
  任务4 phpMyAdmin软件安装 ··········· 4
  任务5 Linux下PHP的安装配置与测试 ··· 6
1.2 Windows上WAMP配置 ············ 7
  任务1 Windows上安装配置Apache服务器 ························ 7
  任务2 Windows上安装配置MySQL数据库 ························ 10
  任务3 Windows上安装配置PHP运行环境 ························ 21
  任务4 Windows上安装配置phpMyAdmin ···················· 22
  任务5 Windows上安装WAMP集成环境 ························ 23

第2章 PHP编程技术 ················ 31
2.1 PHP编程基础 ···················· 32
  任务1 在浏览器中显示"hello world"语句 ························ 32
  任务2 在浏览器中输出个人简历 ··· 33
  任务3 编程实现"电话号码簿" ····· 34
  任务4 计算正方形的面积 ··········· 34
2.2 PHP流程控制语句 ··············· 42
  任务1 比较两个数大小 ············ 42
  任务2 根据考试成绩判断等级 ····· 43
  任务3 用户选择自己喜欢的颜色 ··· 44
  任务4 简单星期转换 ··············· 45
  任务5 计算1~100的累加值 ······· 46
  任务6 制作乘法口诀表 ············ 47
2.3 PHP字符串与正则表达式语句 ··· 51
  任务1 去除字符串首尾空格 ······· 51
  任务2 合并与分割字符串 ·········· 52
  任务3 截取指定长度字符串 ······· 52
  任务4 验证身份证号码是否规范 ··· 53
  任务5 验证邮箱格式是否正确 ····· 54
  任务6 验证网址、IP地址是否符合要求 55
  任务7 验证电话号码、账号是否符合规范 ························ 56
2.4 PHP数组定义与访问 ············ 59
  任务1 数组合并与拆分 ············ 59
  任务2 数组元素的添加与删除 ····· 60
  任务3 查找数组元素 ·············· 60
2.5 PHP文件上传 ··················· 66
  任务1 实现单个文件上传 ·········· 66
  任务2 上传指定文件类型的文件 ··· 67
2.6 PHP访问Web页面 ·············· 71
  任务1 用户注册页面设计与制作 ··· 71
  任务2 简单留言板设计实现 ······· 73

第3章 MySQL编程技术 ············· 83
3.1 MySQL数据库操作命令 ········· 84
  任务1 启动测试MySQL数据库 ···· 84
  任务2 MySQL数据库管理 ········· 85
  任务3 数据库导出与导入 ·········· 86
3.2 MySQL数据库操作 ············· 89
  任务1 创建MySQL数据库及数据表 89
  任务2 创建sp数据库及数据表 ···· 91
  任务3 创建student数据库及数据表 92
  任务4 创建sp数据库及其操作 ···· 94
3.3 phpMyAdmin管理MySQL数据库 ···· 106
  任务1 使用phpMyAdmin操作数据库 106
  任务2 使用phpMyAdmin操作数据表 107
  任务3 使用phpMyAdmin操作数据 109
  任务4 使用phpMyAdmin导入导出

    数据库……………………………111
 3.4 PHP 操作 MySQL 数据库…………113
  任务 1 利用数据库保存留言……………113
  任务 2 显示留言……………………………115
第 4 章 使用 PHP 开发设计同学录系统………120
 4.1 同学录系统需求分析……………………121
  任务 1 同学录系统需求分析………………121
  任务 2 同学录系统设计……………………121
  任务 3 同学录系统数据库表的结构设计·122
 4.2 同学录系统数据库创建…………………126
 4.3 同学录系统框架设计……………………131
  任务 1 Linux 中 PHP 工具软件 Zend Studio
     的安装使用…………………………131
  任务 2 系统公共文件编写…………………131
 4.4 用户注册模块……………………………138
  任务 1 编写用户注册用户名文件
     reguser.php…………………………138
  任务 2 编写用户注册信息文件
     reginfo.php…………………………142
  任务 3 编写用户注册完成文件
     regok.php……………………………147
 4.5 用户登录模块……………………………149
 4.6 用户首页模块……………………………153
  任务 1 设计并实现用户首页 login.php
     功能……………………………………153
  任务 2 设计并实现创建班级页面
     createclass.php……………………157

  任务 3 实现 login.php 中"加入班级"
     功能……………………………………161
 4.7 班级首页模块……………………………165
 4.8 用户信息模块……………………………167
  任务 1 实现修改用户信息页面
     userinfo.php…………………………167
  任务 2 修改用户密码页面 userpwd.php
     文件实现……………………………170
  任务 3 我的名片 usercard.php 文件实现…171
 4.9 班级留言功能模块………………………176
  任务 1 完成发表留言表单设计制作………176
  任务 2 将用户发表的留言写入数据库
     guestbook 表中………………………178
  任务 3 分页显示班级留言…………………179
 4.10 班级读物功能模块……………………183
  任务 1 完成 classreadings.php 页面设计…183
  任务 2 实现 classreadings.php 页面功能…184
第 5 章 系统移植…………………………………190
  任务 1 系统从 Linux 移植到 Windows……190
  任务 2 系统从 Windows 移植到 Linux……193
第 6 章 Linux 基本操作……………………………196
  任务 1 在虚拟机中安装 Linux 操作系统…196
  任务 2 Linux 文件和目录操作命令………197
  任务 3 Linux 下 vi 编辑器使用……………201
  任务 4 Linux 软件包安装……………………203
参考文献…………………………………………………223

1 PHP 环境搭建

【任务引导】

PHP 是作为一个小开放源码，随着越来越多的人意识到它的实用性从而逐渐发展起来。Rasmus Lerdorf 在 1994 年发布了 PHP 的第一个版本，从那时起它就飞速发展，并在原始发行版上经过无数的改进和完善现在已经发展到版本 4.0.3。

PHP 是一种嵌入在 HTML 并由服务器解释的脚本语言。它可以用于管理动态内容、支持数据库、处理会话跟踪，甚至构建整个电子商务站点。它支持许多流行的数据库，包括 MySQL、PostgreSQL、Oracle、Sybase、Informix 和 Microsoft SQL Server。

PHP 可以运行在多种操作系统下，其中包括 Linux 和 Windows。因此需要安装 Apache 服务器、MySQL 数据库以及 PHP 运行环境，并配置相关文件，本项目任务就是安装并配置好 Apache、MySQL、PHP，搭建好 LAMP、WAMP 运行环境，为后面系统开发打好基础。

【知识目标】
1. 了解 Apache 服务器工作原理。
2. 知道 Apache 服务器配置中常用参数。
3. 了解 MySQL 数据库操作方法。
4. 知道 PHP 配置文件存放位置修改方法。

【能力目标】
1. 会安装配置 Apache 服务器。
2. 会安装配置 MySQL 数据库。
3. 会安装配置 PHP 运行环境。
4. 会安装 MySQL 管理软件 phpMyAdmin。

1.1 Linux 上 PHP 开发环境搭建

任务 1 在虚拟机中安装 VMware tools

【任务描述】

在 Linux 虚拟机上搭建 LAMP 运行环境，以及后面 PHP 学习及系统开发都需要将 Linux 中的软件或文件复制到 Windows 中,或者将 Windows 中的软件或文件复制到 Linux 中,因此首先需要实现 Linux 系统和 Windows 系统文件共享。

【任务分析】

在 Linux 系统中实现与 Windows 文件共享的方法很多,如安装配置 Samba 服务器,但常用的最简单的方法是利用虚拟机软件提供的 VMware tools,安装 VMware tools 实现 Windows 与 Linux 共享文件。

【实施步骤】

(1)选择虚拟机→安装 VMware tools;

(2)选择 RPM 软件包安装;

(3)安装成功后在/usr/bin 目录下生成一个 vmware-config-tools.pl 文件,以管理员身份执行 #/usr/bin/vmware-config-tools.pl;

(4)完成后重新启动虚拟机,实现鼠标自由移动;

(5)选择 VMWare 虚拟机→设置→标签→共享文件设置→添加共享文件夹(指定主机要共享文件的位置,这里设置为 C:/share),实现 Windows 与 Linux 共享文件。

(6)这个共享文件夹是挂载到/mnt/hgfs,进入/mnt/hgfs 查看是否能看到共享文件夹 share。

任务 2　Linux 下 Apache 服务器安装与配置

【任务描述】

Apache 是世界使用排名第一的 Web 服务器。它可以运行在几乎所有广泛使用的计算机平台上。Apache 的特点是简单、速度快、性能稳定,并可做代理服务器来使用。本来它只用于小型或试验 Internet 网络,后来逐步扩充到各种 UNIX 系统中,尤其对 Linux 的支持相当完美。Apache 有多种产品,可以支持 SSL 技术,支持多个虚拟主机。

搭建 LAMP 运行环境需要安装 Apache 服务器,Apache 服务器是 Linux 下配置 Web 服务器的常用软件,与 Linux 有很好的兼容性。

【任务分析】

Linux 下 Apache 服务器的安装一般有两种方法,一是利用系统自带的软件包进行安装,一是到 Apache 的官网下载软件包进行安装,第一种方法简单,第二种方法更灵活,本任务中给出了自行下载软件包进行安装的操作过程。对于默认安装的 Red Hat Linux,配置文件 httpd.conf 位于/etc/httpd/conf,如果安装的是 tar.gz 版本,则位于/usr/local/apache/conf 目录下。

【实施步骤】

(1)利用软件包 httpd-2.0.55.tar.bz2 安装 Apache 服务器。

```
# cp /mnt/hgfs/share/httpd-2.0.55.tar.bz2 /usr/local/src
  //"/mnt/hgfs/share/httpd-2.0.55.tar.bz2" 为 httpd-2.0.55.tar.bz2 的存在路径,"/usr/local/src" 为目的路径,此命令为将 httpd-2.0.55.tar.bz2 拷贝到目录/usr/local/src 下
# cd /usr/local/src    //进入目录/usr/local/src
#tar jxvf httpd-2.0.55.tar.bz2    //解压 httpd-2.0.55.tar.bz2 压缩包,回车后系统会自动解压,需要
                                    一段时间,当跳出警号后方可继续输入
#cd httpd-2.0.55   //进入目录
#./configure --prefix=/usr/local/apache - -enable-so     //配置安装目录为/usr/local/apache,并加入 DSO 支持库 mod_so_module。回车后系统会自动进行编译前的配置,需要一段时间,当跳出警号后方可继续输入
#make    //编译
#make install    //安装
```

生成可执行文件安装到/usr/local/httpd/sbin，这两步输入确认后需要一段时间系统进行自动编译，当跳出#号后方可继续输入。

（2）启动服务器，安装好 Apache 服务器后，可以在终端命令窗口运行以下命令来启动、重新启动以及关闭服务器。

#service httpd start/restart/stop

（3）测试服务器，在 Mozilla 下输入http://localhost可以看到 Apache 服务器初始页面如图 1-1 所示服务器安装成功，否则检查是否正确安装和启动服务器。

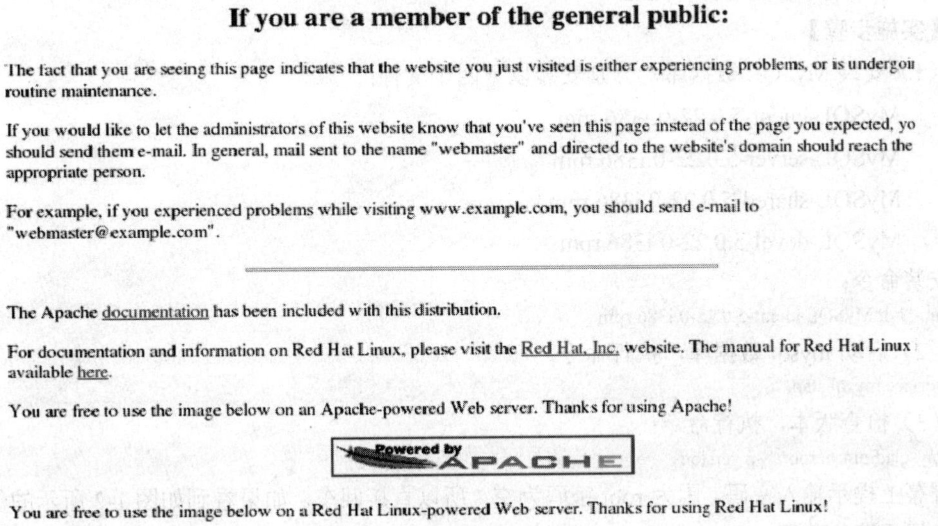

图 1-1　Apache 测试页面

（4）配置 Apache 服务器。

1）编写简单的测试网页 test.html，在浏览器输入地址http://localhost/test.html测试是否能看到网页，test.html 可参考如下代码编写。（思考：编写的 test.html 应该保存在哪里？）

```
<html>
  <title>
    测试网页
  </title>
  <body>
    <h1>欢迎访问网络 0911 班级 xxx 网站！！</h1>
  </body>
</html>
```

2）解决网页中文显示问题。通过修改配置文件，将 AddDefaultCharset ISO-8859-1 改成 AddDefaultCharset GB2312，保存后重启 Apache 服务器，如果还是显示乱码，重新启动 Linux 系统。

任务3　Linux 下 MySQL 数据库安装与配置

【任务描述】

目前，市面上的数据库产品多种多样，从大型企业的解决方案到中小企业或个人用户的小型应用系统，可以满足用户的多样化需求。MySQL 数据库是众多的关系型数据库产品中的一个，相比较其他系统而言，MySQL 数据库可以称得上是目前运行速度最快的 SQL 语言数据库，而且 MySQL

数据库是一种完全免费的产品，用户可以直接从网上下载数据库，用于个人或商业用途，而不必支付任何费用。

MySQL 可以很好地和 Apache 兼容，支持 PHP 网站或系统开发，本任务在 Linux 上安装 MySQL 数据库软件并测试。

【任务分析】

Linux 下 MySQL 服务器的安装一般有两种方法，一是利用系统自带的软件包进行安装，一是到 MySQL 的官网下载软件包进行安装，第一种方法简单，第二种方法更灵活，本任务中给出了自行下载软件包进行安装的操作过程。

【实施步骤】

（1）安装 MySQL 数据库，分别安装以下四个文件：

  MySQL-client-5.0.22-0.i386.rpm

  MySQL-server-5.0.22-0.i386.rpm

  MySQL-shared-5.0.22-0.i386.rpm

  MySQL-devel-5.0.22-0.i386.rpm

安装命令：

rpm-Uvh MySQL-client-5.0.22-0.i386.rpm

（2）启动 mysql 数据库，执行命令：

#service mysql start

（3）检查版本，执行命令：

#mysqladmin -u root -p version

屏幕上提示输入密码，因为 root 密码为空，所以直接回车。如果看到如图 1-2 所示的信息，表示服务器正确安装了。

```
[root@localhost /]# mysqladmin -u root -p version
Enter password:
mysqladmin  Ver 8.23 Distrib 3.23.54, for redhat-linux-gnu on i386
Copyright (C) 2000 MySQL AB & MySQL Finland AB & TCX DataKonsult AB
This software comes with ABSOLUTELY NO WARRANTY. This is free software,
and you are welcome to modify and redistribute it under the GPL license

Server version          3.23.54
Protocol version        10
Connection              Localhost via UNIX socket
UNIX socket             /var/lib/mysql/mysql.sock
Uptime:                 4 sec

Threads: 1  Questions: 1  Slow queries: 0  Opens: 6  Flush tables: 1
Open tables: 0  Queries per second avg: 0.250
```

图 1-2　MySQL 安装成功信息

任务 4　phpMyAdmin 软件安装

【任务描述】

在使用 MySQL 数据库时会发现 MySQL 数据库都是使用命令方式操作，一旦命令输错可能导致整个数据表重新创建，很麻烦，而且如果对 SQL 语句不熟悉，使用起来会很慢，效率也很低。因此需要安装 phpMyAdmin 软件，phpMyAdmin 是一种基于 Web 的免费 MySQL 管理工具，phpMyAdmin 可以通过浏览器完成几乎所有 SQL 操作，可以大大提高使用 MySQL 数据库的效率。

【任务分析】

从www.phpmyadmin.net下载 phpmyadmin-2.10.3-all-language-tar-gz 版本，因为下载的是.tar.gz 的软件包，需要按照 Linux 中软件包安装步骤进行安装。

【实施步骤】

（1）解压到 Apache 服务器文件根目录下，即/var/www/html。

#tar –zxvf phpmyadmin-2.10.3-all-language-tar-gz –C /var/www/html

（2）为了访问方便，将安装目录重命名为 phpmyadmin（注意切换目录）。

#mv phpmyadmin-2.10.3-all-language phpmyadmin

进入/var/www/html/phpmyadmin/libraries 修改配置文件 config.inc.php（注意先将 config.default.php 从 phpmyadmin/libraries 复制到 phpmyadmin 目录下重命名为 config.inc.php）。

#cp phpmyadmin/libraries/config.default.php phpmyadmin/config.inc.php

使用 vi 编辑器打开 config.inc.php 文件修改以下内容：

$cfg['servers']['$i']['host']='localhost'   指定 MySQL 服务器所在主机名，通常用默认值
$cfg['servsers']['$i']['port']=' '   指定 MySQL 的监听端口，保持空白表示使用默认端口 3306
$cfg['servsers']['$i']['auth_type']='config'   指定认证方法，本机使用 config，网上使用 cookie
$cfg['blowfish_secret']='php'   指定用于 cookie 认证的信息，可以是任何字符串
$cfg['pmaAbsoluteUri']='http://localhost/phpmyadmin/'   指定访问 phpmyadmin 的地址
$cfg['servsers']['$i']['user']='root'   指定 mysql 管理者的账户
$cfg['servsers']['$i']['password']=''   指定 root 账户的密码

（3）为了正确显示 MySQL 数据库中的中文字段内容，还要对 libraries 下的 select_lang.lib.php 文件做如下设置：将'zh-gb2312'=>array('......') 一行首部 zh-gb2312 改成 zh-gb2312-utf-8，将 $mysql_charset_map=array 一节中的'gb2312'=>'gb2312'改成'gb2312'=>'latin1'。

（4）测试。在地址栏中输入http://localhost/phpmyadmin，观察是否能够进入 phpMyAdmin 的主页面，如图 1-3 所示。

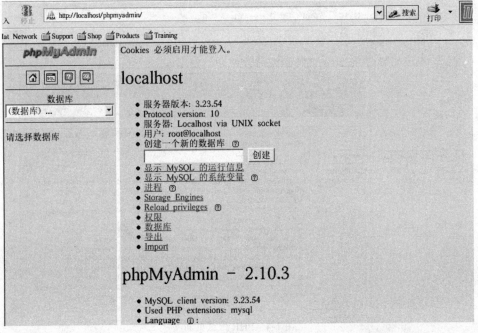

图 1-3　phpMyAdmin 主页面

任务 5   Linux 下 PHP 的安装配置与测试

【任务描述】

PHP 是一种嵌入在 HTML 并由服务器解释的脚本语言。利用 PHP 进行编程首先需要安装 PHP 软件包并进行相关配置,服务器才能编译解释 PHP 的代码。

【任务分析】

安装 PHP 软件可以从官网下载最新的 PHP 软件包,也可以直接使用 Linux 系统提供的软件包安装。本任务直接使用 Linux 添加删除软件包进行安装,该方法对于初学者简单、方便,容易上手。

【实施步骤】

(1)通过添加删除程序安装 PHP,选择添加删除软件包→万维网服务器。

(2)修改 Apache 配置文件支持 PHP(思考:Apache 配置文件存放位置?)。在 DirectoryIndex index.html index.html.var 处添加 index.php。

(3)测试 PHP(思考:测试网页文件应该放在哪个目录里面?)。

在 Apache 服务器主目录下新建一个 PHP 文件 test.php,内容为:

```
<?php
   echo phpinfor();
?>
```

在地址栏中输入http://localhost/test.php测试结果,出现如图 1-4 所示的界面,说明 PHP 已经安装成功。

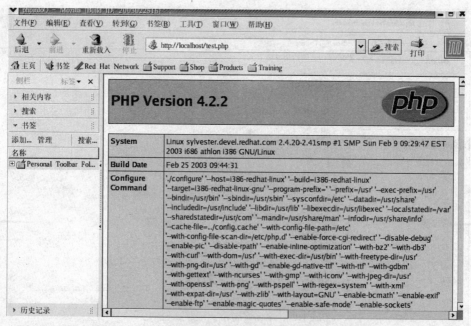

图 1-4   PHP 测试页面

1.2 Windows 上 WAMP 配置

任务 1　Windows 上安装配置 Apache 服务器

【任务描述】

到目前为止 Apache 仍然是世界上用的最多的 Web 服务器，市场占有率达 60%左右。Apache 服务器拥有以下特性：集成代理服务器模块，支持实时监视服务器状态和定制服务器日志，通过第三方模块可以支持 Java Servlets，支持最新的 HTTP/1.1 通信协议等。在 Windows 上配置 WAMP 就必须安装并配置 Apache 服务器。

【任务分析】

Apache 服务器软件可以到官网上下载最新版本，考虑到目前操作系统使用 Windows 7、Windows 8 比较多，因此本书中安装的 Apache 可以运行在 Windows 8 系统上。安装好 Apache 服务器后，必须要掌握 Apache 服务器配置文件相关参数的含义，能够根据需要修改配置文件。

【实施步骤】

（1）Apache 服务器软件可以到 Apache 官网http://www.apache.org下载，本书使用的 Apache 服务器的版本是 Httpd-2.2.22-win32-x86-no_ss1.msi，官方下载地址是 http://labs.mop.com/apache-mirror//httpd/binaries/win32/httpd-2.2.22-win32-x86-no_ssl.msi。

（2）双击 Httpd-2.2.22-win32-x86-no_ss1.msi，出现 Apache 的安装界面，如图 1-5 所示。

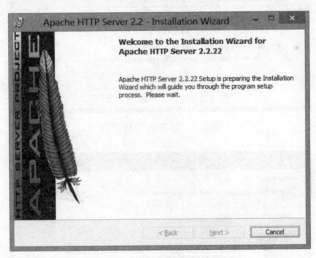

图 1-5　欢迎界面

（3）单击 Next 按钮，接受软件安装协议，如图 1-6 所示。

（4）单击 Next 按钮，填写网络域名、服务器名称、管理员电子邮箱信息，如图 1-7 所示，界面最下面的两个选择设置 Apache 服务器使用的端口，默认使用 80 端口，如果你的 80 端口被占用可以选择使用 8080 端口。

（5）单击 Next 按钮，选择安装类型，如图 1-8 所示。Typical 是标准安装，Custom 是用户自定义安装，这里选择 Custom。

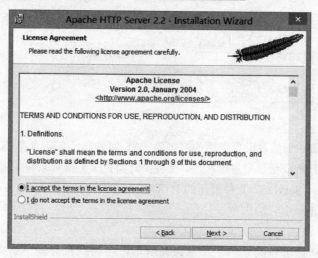

图 1-6　接受协议界面

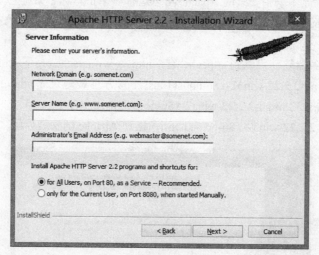

图 1-7　服务器信息界面

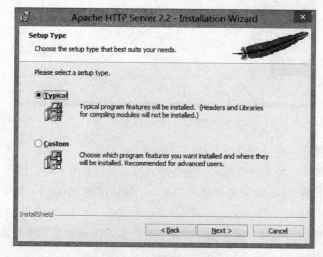

图 1-8　选择类型界面

（6）单击 Next 按钮，选择安装组件和安装位置，如图 1-9 所示。

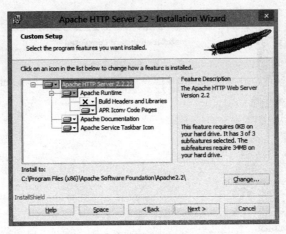

图 1-9　选择安装位置及组件界面

（7）单击 Next 按钮，开始进行安装，单击 Install 按钮，如图 1-10、图 1-11 所示。

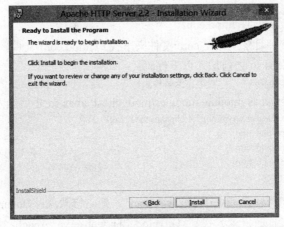

图 1-10　准备安装界面

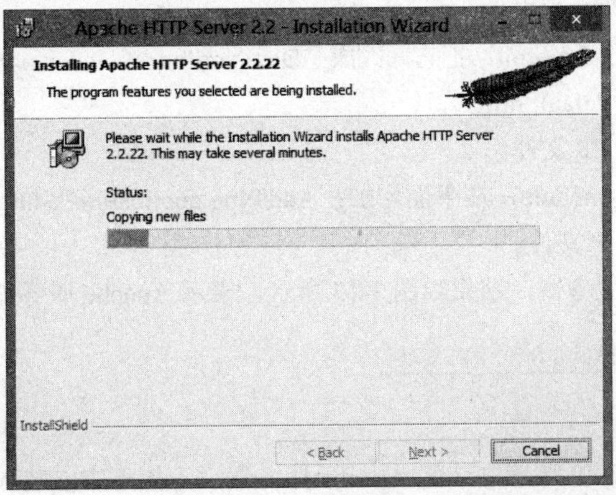

图 1-11　安装界面

（8）单击 Next 按钮，安装完成，如图 1-12 所示。

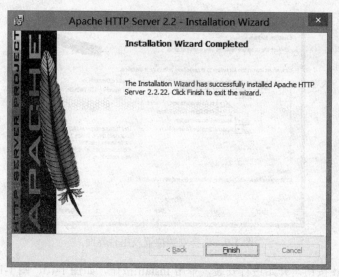

图 1-12　安装完成

（9）修改 Apache 配置文件 httpd.conf。

1）进入 Apache 的安装目录里，在 conf 文件夹下找到 httpd.conf 文件，在 LoadModule actions_module modules/mod_actions.so 之前加入以下代码：

```
PHPIniDir "D:/webserver/php5.4"#    （PHP 的安装目录）
```

在#LoadModule vhost_alias_module modules/mod_vhost_alias.so 之后加入以下代码：

```
LoadModule php5_module "D:/webserver/php5.4/php5apache2_2.dll"
AddType application/x-httpd-php .php
AddType application/x-httpd-php .htm
AddType application/x-httpd-php .html
```

2）修改网站源文件目录。

找到 DocumentRoot "D:/webserver/Apache/htdocs"，把它修改成：DocumentRoot "E:/web"#（我们之前建立好的网站源文件的目录）找到<Directory "D:/webserver/Apache/htdocs">，把它修改成：<Directory "E:/web">。

3）让 Apache 识别 PHP 索引。

找到 DirectoryIndex index.html，把它修改成：DirectoryIndex index.php default.php index.html index.htm default.html default.htm。

4）让 Apache 识别 PHP 文件。

找到 IfModule mime_module，在下面增加：AddType application/x-httpd-php .php，这里的设置是让 Apache 能够识别 PHP 文件。

（10）测试 Apache 服务器，结果如图 1-13 所示，表示 Apache 服务器配置成功。

任务 2　Windows 上安装配置 MySQL 数据库

【任务描述】

Windows 上配置 WAMP 环境安装好 Apache 服务器后，接下来安装 MySQL 数据库，MySQL 数据库具有运行速度快、兼容性好等特点，目前是与 PHP 结合开发网站和系统的首选数据库。

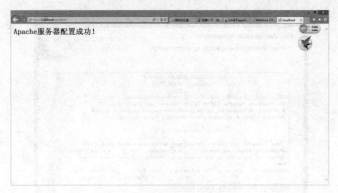

图 1-13　Apache 测试页面

【任务分析】
　　MySQL 数据库软件安装版本很多，因为目前操作系统以 Windows 7、Windows 8 为主，所以本书中介绍的软件适合于 Windows 7、Windows 8 系统中运行，选择的 MySQL 数据库版本是 MySQL 5.5.21，接下来是数据库软件安装、配置过程。

【实施步骤】
　　（1）软件可以到 MySQL 的官网http://www.mysql.com下载，具体下载地址为 http://mirror-cybernet.lums.edu.pk/pub/mysql/Downloads/MySQL-5.5/mysql-5.5.21-winx64。
　　（2）在软件原文件存放文件夹下找到并双击 mysql-5.5.21-winx64，运行安装文件，安装文件运行后，进入欢迎界面，如图 1-14 所示。

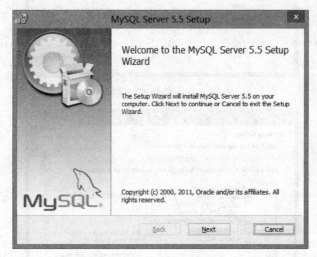

图 1-14　安装欢迎界面

　　（3）单击 Next 按钮，如图 1-15 所示界面，选择接受安装协议。
　　（4）单击 Next 按钮，出现如图 1-16 所示界面，这里有三项安装选择类型，第一：Typical（默认），第二：Custom（用户自定义），第三：Complete（完全），这里选择安装类型为 Custom（用户自定义）。选择用户自定义安装，在安装过程中用户可以根据自己的需要对它进行各种设置，以达到自己的目的。
　　（5）单击 Next 按钮，选择 MySQL 要安装的组件与安装位置，如图 1-17 所示。

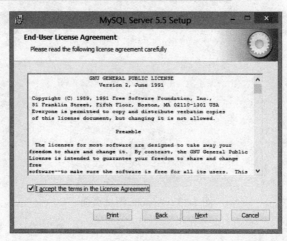

图 1-15　安装协议界面

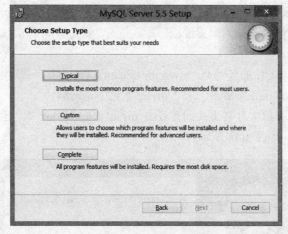

图 1-16　选择安装类型

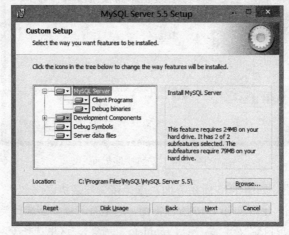

图 1-17　选择安装组件与安装位置界面

单击 Browse 按钮进行安装路径的修改，如图 1-18 所示。

（6）单击 Next 按钮，准备开始安装，如图 1-19 所示。

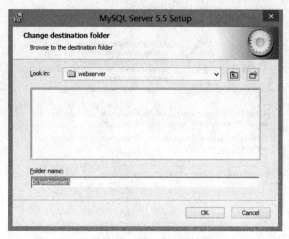

图 1-18　选择安装位置

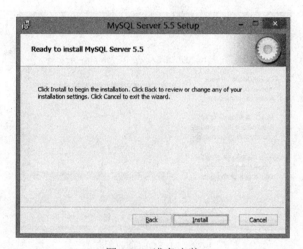

图 1-19　准备安装

这里是安装的一些信息，单击 Install 按钮进行 MySQL 的安装，如果出现安全信息的话，点击就可以，之后进入图 1-20 至图 1-22 的安装过程。

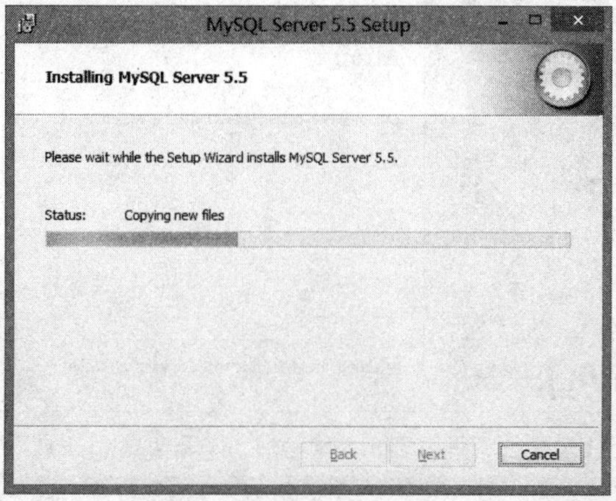

图 1-20　安装过程

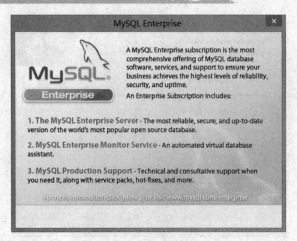

图 1-21　MySQL 版本信息

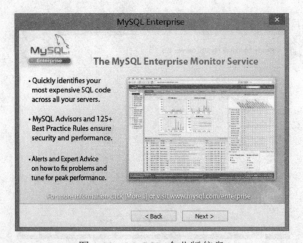

图 1-22　MySQL 企业版信息

（7）单击 Next 按钮，出现安装完成界面，如图 1-23 所示。

图 1-23　安装完成界面

（8）单击 Finish 按钮，进入 MySQL 配置向导，如图 1-24 所示。

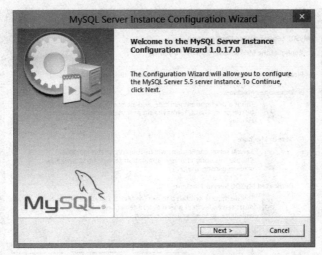

图 1-24　进入配置界面

（9）单击 Next 按钮，如图 1-25 所示，这里有两个选项，第一个 Detailed Configuration（手动精确配置），第二个 Standard Configuration（标准配置），我们选择第一个进行配置。

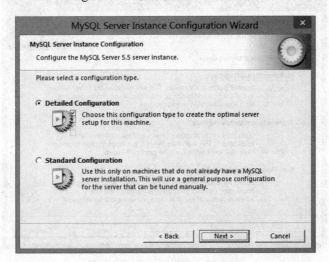

图 1-25　选择配置方式

（10）单击 Next 按钮，选择服务器类型，如图 1-26 所示。这里有三个选项，第一个 Developer Machine 是开发测试类，MySQL 占用很少资源，第二个 Server Machine 是 Web 服务器类型，MySQL 占用资源较多，第三个 Dedicated MySQL Server Machine 是专门的数据库服务器，MySQL 占用所有可用资源，一般可以根据自己的需要进行选择，这里选择第一个 Developer Machine。

（11）单击 Next 按钮，选择 MySQL 数据库的用途，如图 1-27 所示。这里有三个选项，第一个 Multifunctional Database 是通用多功能型，将数据库优化成很好的 InnoDB 存储类型和高效率的 MyISAM 存储类型，第二个 Transanctional Database Only 是专注于事务处理，这项是最好的优化 InnoDB，但同时也支持 MyISAM，第三个 Non-Transactional Database Only 是非事务处理型，适合于简单的使用，主要用于一些监控、记数，对 MyISAM 数据类型的支持仅限于 Non-Transactional，这里选择第一项。

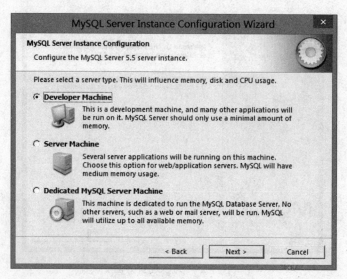

图1-26 选择服务器类型界面

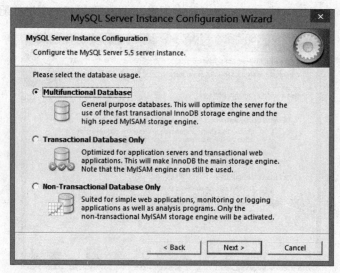

图1-27 选择数据库用途界面

（12）单击Next按钮，对InnoDB Tablespace进行配置，给InnoDB数据库选择存放位置，这里选择E盘，自己建立的目录data，如图1-28所示。

（13）单击Next按钮，这里是选择允许网站的最大连接并发数，有三个选择，第一：Decision Support（DSS）/OLAP最大20个连接并发数，第二：Online Transaction Processing（OLTP）最大500个连接并发，第三：Manual Setting自己定义，这里输入100，如图1-29所示。

（14）单击Next按钮，设置网络选项，如图1-30所示。在Enable TCP/IP Networking前打勾，启用TCP/IP连接，否则只能在自己的机器上访问MySQL数据库，默认端口为3306，启用标准模式。

（15）单击Next按钮，设置MySQL的默认编码，这里选择utf-8，如图1-31所示。

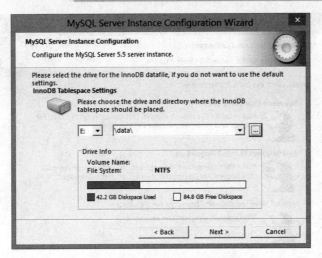

图 1-28 设置数据库存放位置

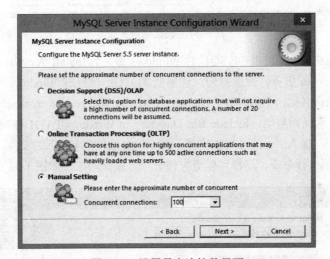

图 1-29 设置最大连接数界面

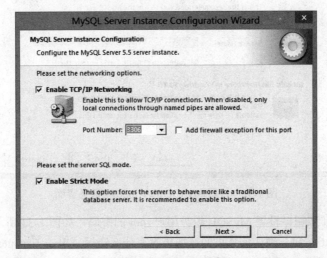

图 1-30 设置网络选项

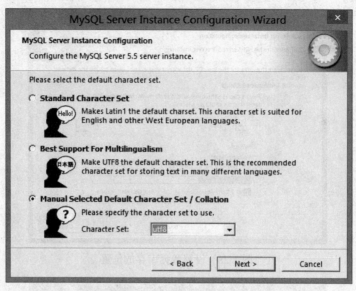

图 1-31 设置编码界面

（16）单击 Next 按钮，设置 MySQL 的 Windows 服务，Install As Windows Server 是安装 MySQL 设置成 Windows 服务，前面打勾，说明把 MySQL 设置成 Windows 服务，Service Name 是服务名称，设置默认名称，不用修改。Launch the MySQL Server automatically 前打勾的意思是让 MySQL 随 Windows 启动而启动，Include Bin Directory in Windows PATH 将 MySQL 的 bin 目录加入到 Windows PATH，加入后，在 CMD 模式下就可以直接使用 bin 下的文件，不必要非要指定到 MySQL 的 bin 目录下执行命令，这样可以更方便一些，建议勾选，如图 1-32 所示。

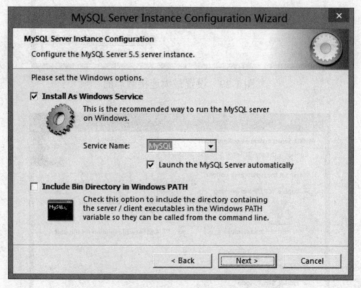

图 1-32 设置 MySQL 的 Windows 服务界面

（17）单击 Next 按钮，设置 MySQL 超级用户 root 的密码，如图 1-33 所示。

（18）单击 Next 按钮，确认信息页面，如果没有什么错误，单击 Execute 按钮开始配置，之后出现配置进度，如图 1-34、图 1-35 所示。

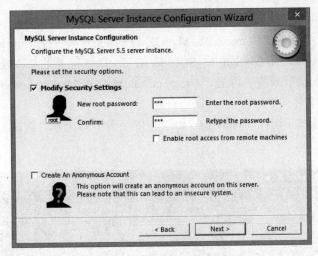

图 1-33　设置 root 的密码

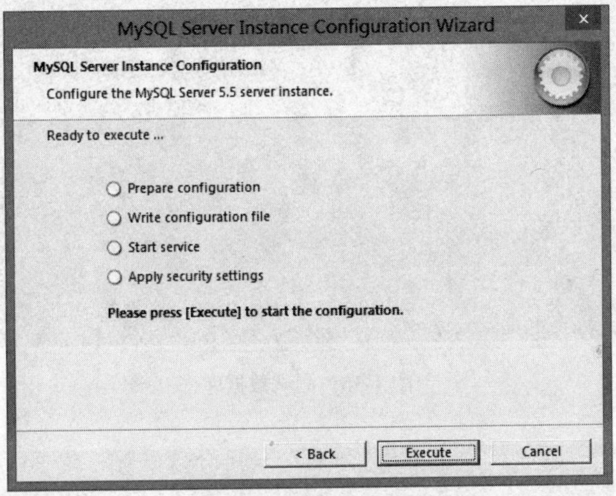

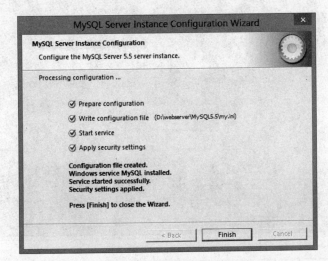

图 1-34　安装配置界面

图 1-35　安装完成界面

（19）单击 Finish 按钮关闭窗口退出配置向导。

（20）修改 MySQL 配置文件 my.ini。到 MySQL 的安装文件夹下打开 my.ini 文件，查找 datadir，找到 datadir="C:/ProgramData/MySQL/MySQL Server 5.5/Data"，把它修改成自己保存数据库的文件夹如 datadir="E:/Data"，保存。再把 C:/ProgramData/MySQL/MySQL Server 5.5/Data 下的全部文件复制到"E:/Data"文件夹下。

（21）在 CMD 模式下运行 mysql.exe，如图 1-36 至图 1-38 所示，测试 MySQL 数据库是否安装成功。

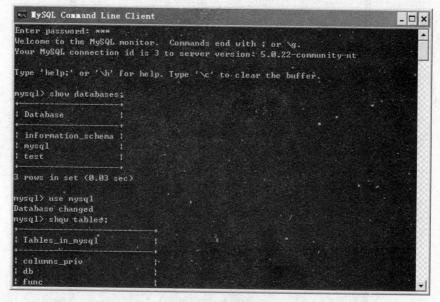

图 1-36　测试数据库

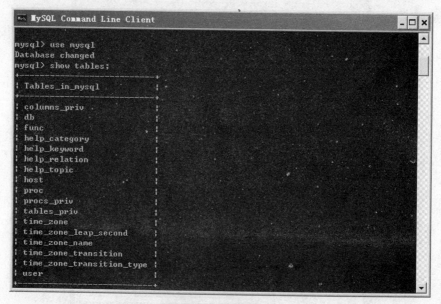

图 1-37　查看数据表

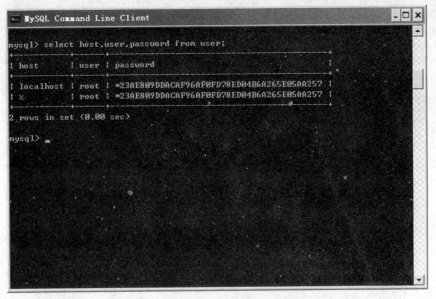

图 1-38　查看表记录

任务 3　Windows 上安装配置 PHP 运行环境

【任务描述】

使用 PHP 语言进行程序开发，首先必须安装 PHP 软件。前面已经安装好 Apache 服务器、MySQL 数据库，再安装好 PHP 软件，就可以开始利用 PHP 制作动态网站或者开发小型系统。

【任务分析】

安装 PHP 所需的软件可以到 PHP 的官网上下载合适的版本，安装过程很简单，对软件解压，任务的重点和难度是修改 PHP 的配置文件 php.ini。

【实施操作】

（1）首先到 PHP 官网http://www.php.net下载软件 Php-5.4.0-Win32-VC9-x86，官方下载地址：http://windows.php.net/downloads/releases/php-5.4.0-Win32-VC9-x86.zip。

（2）因为下载来的是 zip 压缩包，所以只要把 php-5.4.0-Win32-VC9-x86.zip 文件解压到 D:\webserver\php5.4 即可。

（3）修改 PHP 配置文件 php.ini。

1）在 php5.4 文件夹下找到 php.ini-development 或者 php.ini-production 文件，将其中一个文件名改成 php.ini，php.ini-development 文件是开发环境使用的，hp.ini-production 文件是生产环境使用的。

2）打开 php.ini 打开之后，进行查找修改，找到 extension_dir="ext"把它修改成 extension_dir="D:\webserver\php5.4\ext"，定位到 870 行找到下面的语句，将语句前面的分号";"去掉。

extension=php_bz2.dll
extension=php_curl.dll
extension=php_gd2.dll
extension=php_gettext.dll
extension=php_mysql.dll
extension=php_mysqli.dll

```
extension=php_openssl.dll
extension=php_pdo_mysql.dll
extension=php_sockets.dll
extension=php_xmlrpc.dll
```

（4）测试。

在 Apache 指定的目录下新建一个 phpinfo.php 文件，输入以下代码：

```
<?php
phpinfo();
?>
```

在浏览器的地址栏里输入http://127.0.0.1/phpinfo.php，如果出现图 1-39，说明 PHP 正常运行，上面有一些 PHP 的版本信息以及已经安装的组件信息。

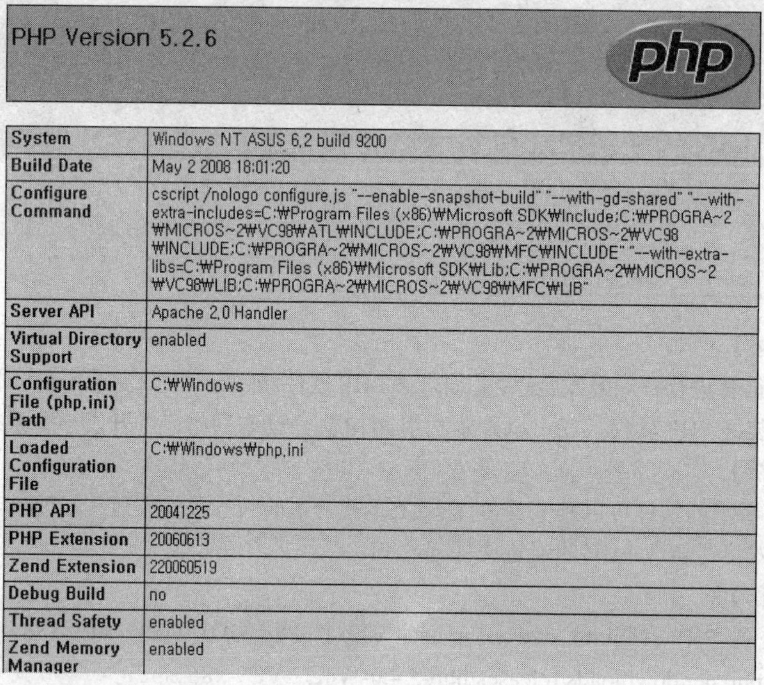

System	Windows NT ASUS 6.2 build 9200
Build Date	May 2 2008 18:01:20
Configure Command	cscript /nologo configure.js "--enable-snapshot-build" "--with-gd=shared" "--with-extra-includes=C:\Program Files (x86)\Microsoft SDK\Include;C:\PROGRA~2\MICROS~2\VC98\ATL\INCLUDE;C:\PROGRA~2\MICROS~2\VC98\INCLUDE;C:\PROGRA~2\MICROS~2\VC98\MFC\INCLUDE" "--with-extra-libs=C:\Program Files (x86)\Microsoft SDK\Lib;C:\PROGRA~2\MICROS~2\VC98\LIB;C:\PROGRA~2\MICROS~2\VC98\MFC\LIB"
Server API	Apache 2.0 Handler
Virtual Directory Support	enabled
Configuration File (php.ini) Path	C:\Windows
Loaded Configuration File	C:\Windows\php.ini
PHP API	20041225
PHP Extension	20060613
Zend Extension	220060519
Debug Build	no
Thread Safety	enabled
Zend Memory Manager	enabled

图 1-39　测试 PHP 页面

任务 4　Windows 上安装配置 phpMyAdmin

【任务描述】

phpMyAdmin 是一个用 PHP 语言编写的、可以通过 Web 方式控制和操作 MySQL 数据库的 Web 代码，通过 phpMyAdmin 可以完成对 MySQL 数据库进行相应的操作，例如建立、复制、删除数据等等。

phpMyAdmin 可以很方便地为我们管理 MySQL 数据库，从而不必要去安装与打开其他的软件，因为它安装在 Web 服务器里，我们可以随时用它来对数据库进行相应的操作，不必要去担心没有软件打开及操作数据库。

【任务分析】

Windows 下安装 phpMyAdmin 软件，可以在 phpMyAdmin 的官网下载，然后将压缩包解压缩到 Apache 服务器主目录下，这样就能够通过浏览器直接访问和使用 phpMyAdmin。

【实施步骤】

（1）phpMyAdmin 可以到官网http://www.phpmyadmin.net上下载 PhpMyAdmin-3.4.10.1-all-languages，官方下载软件地址是：http://cdnetworks-kr-1.dl.sourceforge.net/project/phpmyadmin/ phpMyAdmin/3.4.10.1/phpMyAdmin-3.4.10.1-all-languages.zip。

（2）把下载下来的 PhpMyAdmin-3.4.10.1-all-languages 解压，并将解压好的文件夹里面全部文件复制到自己创建的文件夹，如 E:\web\phpmyadmin。

（3）使用地址http://localhost/phpmyadmin打开连接数据库页面。

（4）测试数据库连接，如图 1-40 所示，表示 phpMyAdmin 安装成功。

图 1-40　phpMyAdmin 测试页面

任务 5　Windows 上安装 WAMP 集成环境

【任务描述】

WAMP 集成环境是指通过安装一个软件完成 Apache 服务器、MySQL 数据库、PHP 软件、phpMyAdmin 安装与配置。WAMP 集成环境软件安装简单，可以一步完成搭建。

【任务分析】

WAMP 集成环境软件有几款，这里使用 AppServ 搭建 WAMP 环境，AppServ 可以到官网 http://www.appservwork.com下载，安装过程如下。

【实施步骤】

（1）打开下载的文件，进入欢迎界面，如图 1-41 所示。

（2）单击 Next 按钮，接受安装协议，如图 1-42 所示。

（3）单击 Next 按钮，选择安装位置，如图 1-43 所示。

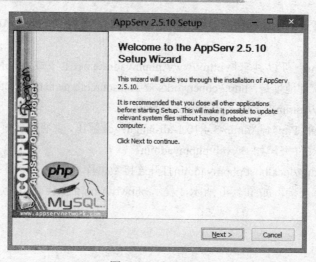

图 1-41 欢迎界面

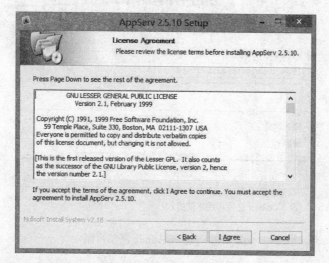

图 1-42 安装协议界面

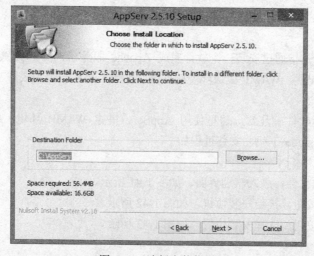

图 1-43 选择安装位置

（4）单击 Next 按钮，选择安装组件，把四个组建都勾选上，如图 1-44 所示。

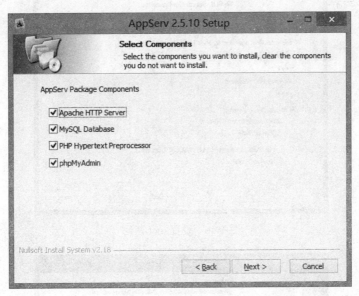

图 1-44　选择安装组件

（5）单击 Next 按钮，填写 HTTP 服务器的地址和邮箱地址，端口号为 80，如图 1-45 所示。

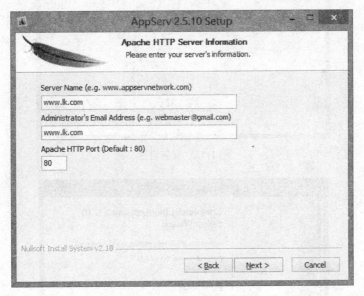

图 1-45　服务器信息

（6）单击 Next 按钮，配置 MySQL 服务器的 root 密码，选择字符编码方式为 utf-8，如图 1-46 所示。

（7）单击 Install 按钮，进行安装，安装进度如图 1-47 所示。

（8）单击 Next 按钮，安装完成，启动 Apache 和 MySQL 服务，如图 1-48 所示。

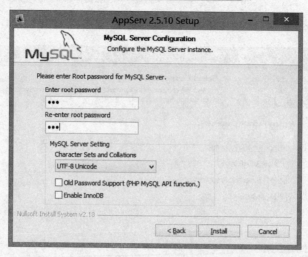

图 1-46 设置 root 密码

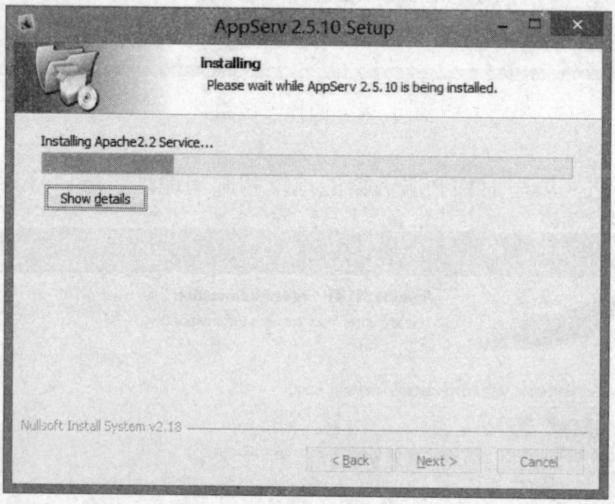

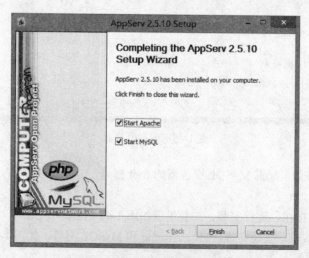

图 1-47 安装进度

图 1-48 安装完成

（9）验证 AppServ 安装是否成功，即在浏览器中输入 http://127.0.0.1/index.php，如图 1-49 所示，则表示安装成功。

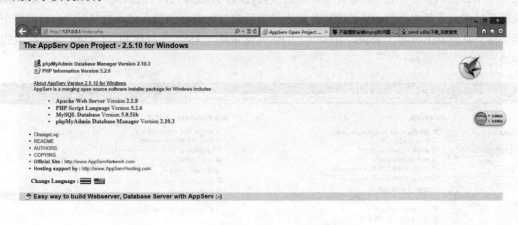

图 1-49　测试是否安装成功

（10）验证 phpMyAdmin 是否安装成功，打开 http://localhost/phpmyadmin/index.php，如图 1-50 所示，输入用户 root 和密码，登录之后可以进入 MySQL 数据库管理界面，如图 1-51 所示。

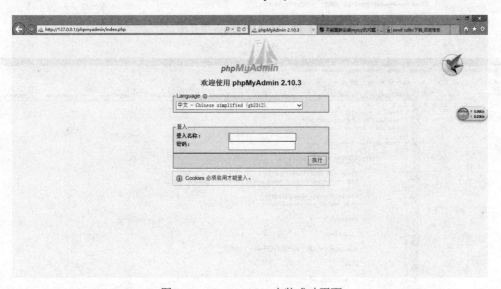

图 1-50　phpmyadmin 安装成功页面

（11）安装 PHP 的编程工具软件 Zend Studio，如图 1-52 所示。在搭建好的 PHP 环境下，利用 Zend Studio 就可以编写代码了。

【项目相关知识点】

1. 什么是 LAMP

Linux+Apache+MySQL+Perl/PHP/Python 是一组常用来搭建动态网站或者服务器的开源软件，

本身都是各自独立的程序，但是因为常被放在一起使用，拥有了越来越高的兼容度，共同组成了一个强大的Web应用程序平台。随着开源潮流的蓬勃发展，开放源代码的LAMP已经与J2EE和.NET商业软件形成三足鼎立之势，并且该软件开发的项目在软件方面的投资成本较低，因此受到整个IT界的关注。从网站的流量上来说，70%以上的访问流量是LAMP来提供的，LAMP是最强大的网站解决方案。

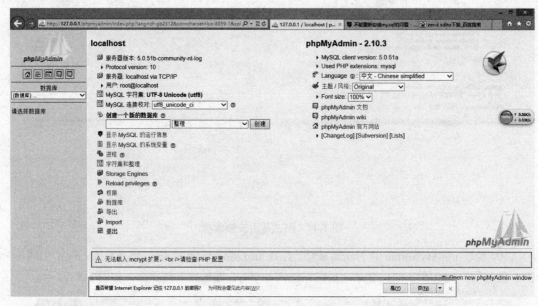

图1-51　phpMyAdmin主界面

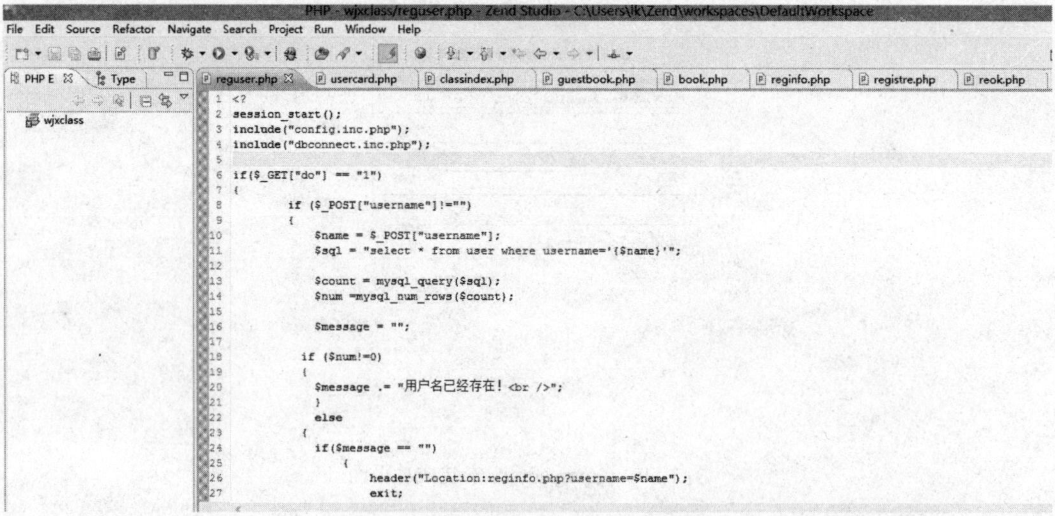

图1-52　Zend Studio安装成功界面

2. Apache服务器配置文件

Section 1: Global Environment

```
# The directives in this section affect the overall operation of Apache,
# such as the number of concurrent requests it can handle or where it
# can find its configuration files.
#

#
# Don't give away too much information about all the subcomponents
# we are running.  Comment out this line if you don't mind remote sites
# finding out what major optional modules you are running
ServerTokens OS
```

```
# mounted filesystem then please read the LockFile documentation
# (available at <URL:http://httpd.apache.org/docs-2.0/mod/core.html#lockfile>);
# you will save yourself a lot of trouble.
#
# Do    add a slash at the end of the d
ServerRoot "/etc/httpd"
```

ServerRoot 参数
该参数用于指定 Apache 软件安装的根目录, 参数格式: ServerRoot [目录的绝对路径]

```
#
# ScoreBoardFile: File used to store internal server process information.
# If unspecified (the default), the scoreboard will be stored in an
# anonymous shared memory segment, and will be unavailable to third-party
# applications.
# If specified, ensure that no two invocations of Apache share the same
# scoreboard file. The scoreboa
# User/Group: The
. On SCO (ODT 3) use
. On HPUX you may not be ab                                              the
  suggested workaround is to create a user www and use that user.
# NOTE that some kernels refuse to setgid(Group) or semctl(IPC_SET)
  when the value of (unsigned)Group is above 60000;
  don't use Group #-1 on these systems!
#
User apache
Group apache
```

User 和 Group 参数
User 和 Group 参数用于指定 Apache 进程的执行者和执行者所属的用户组, 如果要用 UID 或者 GID, 必须在 ID 前加上#号

```
# ServerAdmin: Y
e mailed. This address
# as error documents. e.g. ad
#
ServerAdmin root@localhost
```

ServerAdmin 参数
该参数用于指定 Web 管理员的邮箱地址, 这个地址会出现在系统连接出错的时候, 以便访问者能够及时通知 Web 管理员

```
#
# DocumentRoot: The directory out of
# documents. By default, al
# symbolic links and aliases may
#
DocumentRoot "/var/www/html"
```

DocumentRoot 参数
该参数用于指定 Web 服务器上的文档存放的位置, 在未配置任何虚拟主机或虚拟目录的情况下, 用户通过 http 访问 Web 服务器, 所有的输出资料文件均存放在这里

```
#
# Each directory to which Apache has access can be configured with respect
# to which services and features are allowed and/or disabled in that
# directory (and its subdirectories).
#
# First, we configure the "default" to be a very restrictive set of
# features.
#
<Directory />
    Options FollowSymLinks
    AllowOverride None
</Directory>
```

【项目总结】

本项目主要任务是分别在 Linux 系统、Windows 系统上搭建 PHP 的运行环境,软件安装配置的方法有几种,需要熟练掌握。本项目为后续系统的开发打基础,因此非常重要。

【拓展任务】

(1)在 Windows 环境下按照操作步骤自己搭建 PHP 运行环境,并安装 Zend Studio 软件运行 PHP 程序。

(2)在 Linux 环境下按照操作步骤自己搭建 PHP 运行环境,并安装 Zend Studio 软件运行 PHP 程序。

2 PHP 编程技术

【任务引导】

　　PHP 是一种用户创建动态 Web 页面的服务器端脚本语言，是编程语言和应用程序服务器的结合。用户可以混合使用 PHP 和 HTML 来编写 Web 页面，当访问者浏览该页面时，服务端会首先对页面中的 PHP 命令进行处理，然后把处理后的结果连同 HTML 内容一起传送到访问端的浏览器。PHP 是一种源代码的开放程序，拥有很好的跨平台兼容性。本项目分别从 PHP 编程基础、PHP 流程控制语句、PHP 数组、PHP 字符串、PHP 正则表达式、PHP 文件上传、PHP 访问 Web 页面等技术讲解 PHP 编程技术，这些技术是后续项目开发中常用的技术。

　　流程控制语句是所有编程语言的基础语句，对于学习 PHP 编程技术来说，流程控制语句也同样重要，需要掌握好流程控制语句语法结构基础上，练习用流程控制语句编写程序，可以增强程序的可读性，从而提高工作效率。

　　在 Web 编程中，字符串的处理是非常重要的，学会正确处理字符串是 PHP 编程技术的重要部分。PHP 最强大的功能之一是它能够使用正则表达式。正则表达式最常见的用途是判断一个源串是否包含与正则表达式相匹配的字串，这个功能在 Web 页面填写信息规范性、正确性验证的时候非常重要。

　　PHP 是目前流行的 Web 开发语言之一，凭借其代码开源、升级速度快的特点，其中 PHP 的数组操作能力强大，为开发人员提供了方便、简易的数组操作函数，只要能够熟练掌握这些函数的使用，就能够熟练使用数组编写程序。

　　在 Web 页面设计时经常会需要用户上传、下载文件，PHP 能够非常好的支持文件上传功能，PHP 主要是通过修改稿配置和函数来实现文件上传，实现起来非常容易，通过本模块的工作任务能够很快学会文件上传、多文件上传、文件下载等功能实现。

【知识目标】

1. 了解 PHP 输出语句。
2. 了解 PHP 数据类型。
3. 了解 PHP 变量、常量定义方法。
4. 了解 PHP 单引号和双引号使用区别。
5. 掌握 PHP 中 if、switch、while、do...while、for 语句。

6. 掌握去除字符串空格、获取字符串长度、字符串合并与分割的用法。
7. 掌握正则表达式的定义规则、ereg()函数格式和使用方法。
8. 理解数组的含义、数组的声明与输出。
9. 掌握遍历数组、操作数组的函数语法格式。
10. 了解如何读取、写、操作文件。
11. 掌握打开、关闭、读取、写入文件函数语法。
12. 掌握文件上传函数 move_uploaded_file()函数语法。
13. 掌握 PHP 获取表单数据的方法。
14. 掌握 PHP 参数传递常用方法。

【能力目标】
1. 会 PHP 变量、常量定义。
2. 会使用 echo 输出语句。
3. 会利用 if、switch、while、do…while、for 语句编写程序。
4. 会利用字符串函数处理字符串中空格。
5. 会利用字符串函数合并与分割字符串。
6. 会利用字符串函数截取字符串。
7. 会利用正则表达式验证身份证号码。
8. 会利用正则表达式验证电话。
9. 会利用正则表达式验证邮箱、网址、IP 地址。
10. 会打开、关闭、读取、写入文件。
11. 会操作文件如复制、重命名等。
12. 会上传一个、多个文件。
13. 会设计表单并在 PHP 获取表单数据。

2.1 PHP 编程基础

任务 1　在浏览器中显示"hello world"语句

【任务描述】
本任务需要在浏览器中输出一句话"hello world"。

【任务分析】
在浏览器中显示某语句，在 PHP 中可以使用 echo 输出语句，通过本任务掌握 PHP 输出语句使用方法。

【实施步骤】
ex_01.php：
```
<?php
    echo "hello world";
?>
```
运行结果如图 2-1 所示。

图 2-1 "hello world" 输出界面

ex_01.php 程序说明：

（1）PHP 程序开始和结束标签是什么？答：<?php 开始   ?>结束。

（2）echo 语句的作用是什么？答：向浏览器发送输出。

（3）PHP 的注释符有哪些？答：//、#、/*、*/。

拓展任务：使用 echo 语句输出字符串"恭喜走上 PHP 编程之路！"。

任务 2　在浏览器中输出个人简历

【任务描述】

在浏览器中输出显示以下内容：

　　个人简历

　　姓名：xxxx

　　班级：xxxx

　　专业：xxxx

　　生日：xxxx 年 xx 月

【任务分析】

在浏览器中输出个人简历，实现的方法很多，这里主要是使用 echo 语句实现个人信息显示，注意每句后面使用
换行。

【实施步骤】

ex_02.php：

```
<?php
  echo "<h1>个人简历</h1>";
  echo "姓名:xxxx<br>";
  echo "班级:xxxx<br>";
  echo "专业:xxxx<br>";
  echo "生日:xxxx 年 xx 月 <br>";
?>
```

运行结果如图 2-2 所示。

图 2-2　个人简历输出界面

拓展任务：请参考上面任务，完成如图 2-3 所示界面程序编写。

任务3　编程实现"电话号码簿"

【任务描述】

任务主要功能是实现一个电话号码簿，用单引号把变量名即姓名输出，对应的变量值为电话号码。

【任务分析】

在 PHP 中，如果在双引号包含的字符串中含有变量的话，该变量将用对应的变量值替换；如果字符串被单引号包含，则

图 2-3　个人档案输出界面

不进行替换，PHP 不能将单引号字符串中的\$转义为$，这里利用 PHP 中单引号和双引号输出内容不同来实现电话号码簿的功能。

【实施步骤】

ex_03.php:

```
<?
$张三="0571-85211234";
$李丽="021-65478951";
$王小="0579-5632145";
echo "姓名==========电话<br>";
echo '$张三';
echo "========";
echo "$张三<br>";
echo '$李丽';
echo "========";
echo "$李丽<br>";
echo '$王小';
echo "========";
echo "$王小";
echo "<br>";
?>
```

运行结果如图 2-4 所示。

拓展任务：制作一个电话号码簿为本宿舍同学的联系电话。

图 2-4　电话号码簿

任务4　计算正方形的面积

【任务描述】

已知正方形的边长，计算正方形的面积。

【任务分析】

已知正方形的边长，根据正方形面积公式，应用 PHP 算术运算符计算出正方形的面积。

【实施步骤】

ex_04.php：

```
<? php
    $a=5;
        echo "正方形边长为$a";
    $b=$a*$a;
        echo "正方形的面积为$b";
?>
```

运行结果如图 2-5 所示。

图 2-5　计算正方形面积

拓展任务：计算长方形面积。

【项目相关知识点】

1. PHP 输出语句

（1）print()输出字符串或变量的值。例如：print $words 或 print"你好"。"."运算符用于将字符串进行合并。

（2）echo()输出字符串或变量的值。

（3）print_r()输出数组。

（4）sprint()将输出指定到字符串标量。

2. PHP 常用数据类型

（1）integer(整数类型)用来表示整数。

（2）float(浮点类型)用来表示实数。

（3）string(字符串类型)用来表示字符串。

（4）boolean(布尔型)用来表示真或假。

（5）array(数组类型)用来保存具有相同类型的多个数据单元。

3. PHP 常量定义

常量可以理解为值不变的变量。常量值被定义后，在脚本的其他任何地方都不能被改变。一个常量由英文字母、下划线和数字组成，但数字不能作为首字母出现。在 PHP 中使用 define()函数来定义常量，该函数的语法格式为：

define(string constant_name, mixed value, case_sensitive = true)

该函数有 3 个参数：

constant_name：必选参数，常量名称，即标志符；

value：必选参数，常量的值；

case_sensitive：可选参数，指定是否大小写敏感，设定为 true 表示不敏感。

获取常量值有两种方法：

（1）使用常量名直接获取值；

（2）使用 constant()函数。

constant()函数和直接使用常量名输出的效果是一样的，但函数可以动态的输出不同的常量，在使用上要灵活、方便。

语法格式为：

mixed constant(string constant_name)

参数 constant_name 为要获取常量的名称，也可为存储常量名的变量。如果成功则返回常量的值，失败则提示错误信息常量没有被定义。要判断一个常量是否已经定义使用 defined()函数。函数的语法格式为：

bool defined(string constants_name)

constant_name 为要获取常量的名称，存在则返回 true，否则返回 false。PHP 中可以使用预定义常量获取 PHP 中的信息。如"_FILE_"、"_LINE_"、"PHP_OS"等。

例：

```
<?php
define ("MESSAGE", "PHP 常量定义，常量名区别大小写");
    echo MESSAGE."<br/>";              //输出常量 MESSAGE
    echo Message."<br/>";              //输出"Message"，表示没有该常量
    define("MESSAGE2", "PHP 常量定义，常量名不区别大小写", true);
    echo MESSAGE2."<br/>";             //输出常量 MESSAGE2
    echo Message2."<br/>";             //输出常量
    $constant_name = "message2";
    echo constant($constant_name)."<br/>";   //输出常量 MESSAGE2
    echo defined("MESSAGE")."<br/>";         //如果定义返回 true，echo 输出显示 1
?>
```

4. PHP 变量定义

PHP 中变量表示为一个美元符号（$）后跟上一个变量名称，变量名称由字母或者下画线开头，后面是任意数量的字母、数字或者下画线。变量可以存放任意类型的值，PHP 在编译或运行时没有变量的类型检查。

在 PHP 中变量的取名规则如下：

（1）所有的变量都以标识"$"开头。

（2）在"$"符号后面的第一个字符必须为字母或下划线，字母可以是大写字母，也可以是小写字母；大小写字母是有区别的！

（3）变量长度不受限制。

（4）在 PHP 程序中，变量不需要先定义类型，直接赋值就可以。

（5）常见的变量类型有 string（字符串）、integer（整型）、float（浮点型）、array（数组型）、boolean（布尔型）。

5. 预定义变量

PHP 提供了预定义变量，通过预定义变量可以获取用户会话、用户操作系统的环境和本地操作系统的环境等信息。常用的预定义变量如表 2-1 所示。

表2-1 PHP预定义变量

变量名称	说明
$_SERVER['SERVER_ADDR']	当前运行脚本所在的服务器的IP地址
$_SERVER['SERVER_NAME']	当前运行脚本所在服务器主机的名称。如果该脚本运行在一个虚拟机上,该名称是由那个虚拟主机所设置的值决定
$_SERVER['REQUEST_METHOD']	访问页面时的请求方法。例如:"GET"、"HEAD"、"POST"、"PUT"。如果请求的方式是HEAD,PHP脚本将在送出头信息后终止(这意味着在产生任何输出后,不再有输出缓冲)
$_SERVER['REMOTE_ADDR']	正在浏览当前页面用户的IP地址
$_SERVER['REMOTE_HOST']	正在浏览当前页面用户的主机名。反向域名解析基于该用户的REMOTE_ADDR
$_SERVER['REMOTE_PORT']	用户连接到服务器时所使用的端口
$_SERVER['SCRIPT_FILENAME']	当前执行脚本的绝对路径名。注意:如果脚本在CLI中被执行,作为相对路径,例如file.php或者../file.php,$_SERVE['SCRIPT_FILENAME']将包含用户指定的相对路径
$_SERVER['SERVER_PORT']	服务器所使用的端口。默认为"80"
$_SERVER['SERVERSIGNATURE']	包含服务器版本和虚拟主机名的字符串
$_SERVER['DOCUMENT_ROOT']	当前运行脚本所在的文档根目录。在服务器配置文件中定义
$_COOKIE	通过HTTPCookie传递到脚本的信息。这些Cookie多数是由执行PHP脚本时通过setcookie()函数设置的
$_SESSION	包含与所有会话变量有关的信息。$_SESSION变量主要应用于会话控制和页面之间值的传递
$_POST	包含通过POST方法传递的参数的相关信息。主要用于获取通过POST方法提交的数据
$_GET	包含通过GET方法传递的参数的相关信息。主要用于获取通过GET方法提交的数据
$_GLOBALS	由所有已定义的全局变量组成的数组。变量名就是该数组的索引。它可以称得上是所有超级变量的超级集合

6. PHP运算符

(1)算数运算符。

-: -$a 取反 $a 的负值。

+: $a + $b 加法 $a 和 $b 的和。

-: $a - $b 减法 $a 和 $b 的差。

*: $a * $b 乘法 $a 和 $b 的积。

/: $a / $b 除法 $a 除以 $b 的商。

%: $a % $b 取模 $a 除以 $b 的余数。

注意:除号("/")总是返回浮点数,即使两个运算数是整数(或由字符串转换成的整数),也是这样取模 $a % $b,在$a为负值时的结果也是负值。

例：

```
<html>
<head>
<title>php 算术运算符实例</title>
</head>
<body>
<?php
$a=3;
$b=4;
$c=5;
$d=6;
//$d=-$a;
$e=$a+$b;
$f=$d-$c;
$g=$a*$d;
$h=$d/$a;
echo "{$e}<br>";
echo "{$f}<br>";
echo "{$g}<br>";
echo "{$h}<br>";
?>
</body>
</html>
```

（2）赋值运算符。

基本的赋值运算符是"="。一开始可能会以为它是"等于"，其实不是的。它实际上意味着把右边表达式的值赋给左运算数。

1）简单赋值：

&a="http://www.admin300.com"$b=2008

2）组和运算符赋值：

```
$a = 3;
$a += 5;
$b = "Hello ";
$b .= "There!";
```

3）赋值运算将原变量的值拷贝到新变量中（传值赋值），所以改变其中一个并不影响另一个。PHP 4 支持引用赋值，用"$var = &$othervar;"语句，但在 PHP 3 中不可能这样做。"引用赋值"意味着两个变量都指向同一个数据，没有任何数据的拷贝。PHP 运算符应用技巧：赋值运算表达式的值也就是所赋的值。也就是说，"$a = 3"的值是 3。

（3）比较运算符。

比较运算符，如同它们名称所暗示的，允许对两个值进行比较。还可以参考 PHP 类型比较表 2-2 看不同类型相互比较的例子。

表 2-2 比较运算符

比较运算符		
例子	名称	结果
$a == $b	等于	TRUE，如果类型转换后 $a 等于 $b
$a === $b	全等	TRUE，如果 $a 等于 $b，并且它们的类型也相同
$a != $b	不等	TRUE，如果类型转换后 $a 不等于 $b
$a <> $b	不等	TRUE，如果类型转换后 $a 不等于 $b

续表

比较运算符

例子	名称	结果
$a !== $b	不全等	TRUE，如果 $a 不等于 $b，或者它们的类型不同
$a < $b	小与	TRUE，如果 $a 严格小于 $b
$a > $b	大于	TRUE，如果 $a 严格大于 $b
$a <= $b	小于等于	TRUE，如果 $a 小于或者等于 $b
$a >= $b	大于等于	TRUE，如果 $a 大于或者等于 $b

如果比较一个数字和字符串或者比较涉及数字内容的字符串，则字符串会被转换为数值并且比较按照数值来进行。此规则也适用于 switch 语句。当用 === 或 !== 进行比较时则不进行类型转换，因为此时类型和数值都要比对。

例：

```
<?php
var_dump(0 == "a"); // 0 == 0 -> true
var_dump("1" == "01"); // 1 == 1 -> true
var_dump("10" == "1e1"); // 10 == 10 -> true
var_dump(100 == "1e2"); // 100 == 100 -> true
switch ("a") {
case 0:
    echo "0";
    break;
case "a": // never reached because "a" is already matched with 0
    echo "a";
    break;
}
?>
```

（4）PHP 逻辑运算符如表 2-3 所示。

表 2-3　逻辑运算符

逻辑运算符		
例子	名称	结果
$a and $b	And（逻辑与）	TRUE，如果 $a 和 $b 都为 TRUE
$a or $b	Or（逻辑或）	TRUE，如果 $a 或 $b 任一为 TRUE
$a xor $b	Xor（逻辑异或）	TRUE，如果 $a 或 $b 任一为 TRUE，但不同时是
! $a	Not（逻辑非）	TRUE，如果 $a 不为 TRUE
$a && $b	And（逻辑与）	TRUE，如果 $a 和 $b 都为 TRUE
$a || $b	Or（逻辑或）	TRUE，如果 $a 或 $b 任一为 TRUE

（5）PHP 位运算符如表 2-4 所示。

表 2-4 位运算符

位运算符

例子	名称	结果
$a & $b	And（按位与）	将把 $a 和 $b 中都为 1 的位设为 1
$a | $b	Or（按位同或）	将把 $a 和 $b 中任何一个为 1 的位设为 1
$a ^ $b	Xor（按位异或）	将把 $a 和 $b 中一个为 1 另一个为 0 的位设为 1
~ $a	Not（按位取反）	将 $a 中为 0 的位设为 1，反之亦然
$a << $b	Shift left（左移）	将 $a 中的位向左移动 $b 次（每一次移动都表示"乘以 2"）
$a >> $b	Shift right（右移）	将 $a 中的位向右移动 $b 次（每一次移动都表示"除以 2"）

（6）字符串运算符。

有两个字符串（string）运算符。第一个是连接运算符（"."），它返回其左右参数连接后的字符串。第二个是连接赋值运算符（".="），它将右边参数附加到左边的参数之后。更多信息见赋值运算符。

```
<?php
$a = "Hello ";
$b = $a . "World!"; // now $b contains "Hello World!"
$a = "Hello ";
$a .= "World!";     // now $a contains "Hello World!"
?>
```

（7）运算符优先级。

运算符优先级指定了两个表达式绑定得有多"紧密"。例如，表达式 1 + 5 * 3 的结果是 16 而不是 18 是因为乘号（"*"）的优先级比加号（"+"）高。必要时可以用括号来强制改变优先级。例如：(1 + 5) * 3 的值为 18。

如果运算符优先级相同，其结合方向决定着应该从右向左求值，还是从左向右求值。

表 2-5 按照优先级从高到低列出了运算符。同一行中的运算符具有相同优先级，此时它们的结合方向决定求值顺序。

表 2-5 运算符优先级

运算符优先级

结合方向	运算符	附加信息
无	clone new	clone 和 new
左	[	array()
右	++ -- ~ (int) (float) (string) (array) (object) (bool) @	类型和递增/递减
无	instanceof	类型
右	!	逻辑运算符
左	* / %	算术运算符
左	+ - .	算术运算符和字符串运算符
左	<< >>	位运算符
无	== != === !== <>	比较运算符

续表

结合方向	运算符	附加信息
左	&	位运算符和引用
左	^	位运算符
左	|	位运算符
左	&&	逻辑运算符
左	||	逻辑运算符
左	?:	三元运算符
右	= += -= *= /= .= %= &= |= ^= <<= >>= =>	赋值运算符
左	and	逻辑运算符
左	xor	逻辑运算符
左	or	逻辑运算符
左	,	多处用到

运算符优先级

7. PHP 函数

函数定义：函数是一个被命名的、独立的代码段，函数执行特定任务，并可以给调用它的程序返回一个值。

函数的优点：提高程序的重用性，提高程序的可维护性，可以提高开发效率，提高软件的可靠性，控制程序的复杂性。

函数的声明：

```
function 函数名()
    {
    }
function 函数名(参数1,参数2,参数...)
    {
        函数体
    }
function 函数名()
    {
        函数体;
        返回值;
    }
function 函数名(参数列表...)
    {
        函数体;
        返回值
    }
```

注意：

（1）函数必须调用才能执行，可以在声明之前调用，也可以在声明之后调用。

（2）函数名命名和变量一样，aaa bbb ccc aaaBbbCcc（第一单词小写，以后每个单词首字母大写）。

（3）函数在声明时不能重名。

（4）可以通过向函数传递参数，改变函数的行为。形参：在声明函数时声明的参数，参数就是变量，多个参数用","分开，实参：调用函数时传给形参数值（数据，也可以是变量）。

（5）如果没有返回值则称为过程。

（6）通过使用 return 语句返回数据。

（7）函数执行到 return 语句就结束，不要再这个语句后写代码，也可以用 return 结束函数的执行。

函数名的作用：调用函数，开始执行函数，可以向函数中传递数据，函数名就是返回的值。

2.2 PHP 流程控制语句

任务1 比较两个数大小

【任务描述】

合理设计表单，要求用户在文本框中输入数值 1 和数值 2，单击"比较"按钮，比较数值 1 和数值 2 的大小，并将比较结果输出在文本框中。

【任务分析】

使用分支结构，比较数值 1 和数值 2 的大小，数值 1 和数值 2 的数据从文本框中输入，把数值 1 大于数值 2 作为判断的条件，如果结果大于等于 0，说明为真，输出 true，反之为假，输出 false。

【实施步骤】

ex_01.php:

```
<html>
<body>
<basefont size=6>
<form action="" method=post>
数值 1 <input type=text name=s1 value="<? $s1=$_POST[s1];if(isset($s1)) echo $s1;?>"><br>
数值 2 <input type=text name=s2 value="<? $s2=$_POST[s2];if(isset($s2)) echo $s2;?>"><br>
<input type=submit value="比较"><br>
比较结果:<input type=text name=s3 size=20 value="
    <?
    if(isset($s1)){
     if($s1>=$s2)
      echo "true";
    else
      echo "false";}
    ?>
">
</form>
</body>
</html>
```

运行结果如图 2-6 所示。

程序难点在于：

（1）知道表单中文本框、按钮标签定义语句；

（2）知道 isset() 的含义用法；

(3)知道 if 语句语法格式。

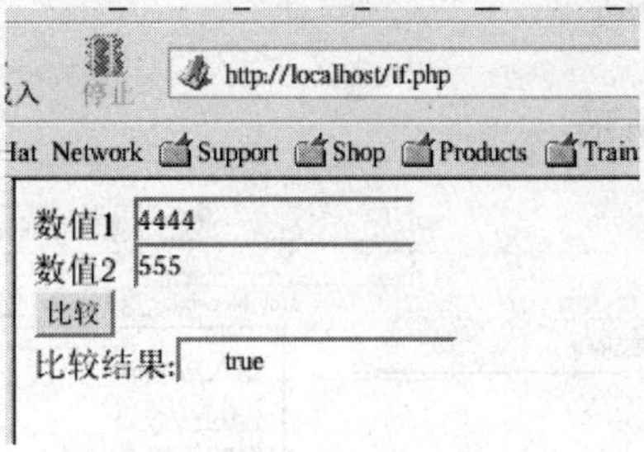

图 2-6 数值比较运行结果

任务 2 根据考试成绩判断等级

【任务描述】

首先用 html 编写一个网页,包括填写成绩、显示等级的本文框和一个提示按钮。设置变量 w1 和 w2,w1 接受输入的成绩,其中嵌入的 PHP 脚本语言把 w1 的值用 if 语句处理得到相应的等级,然后赋值给 w2,输出。

【任务分析】

本任务使用 if…else 嵌套语句实现判断成绩等级,根据用户输入的成绩,如果成绩小于 60 等级为"没有及格,还要好好努力",成绩大于 60 小于 70 等级为"及格了,不过还要努力",成绩大于等于 70,小于 80 等级为"良好",大于等于 80,小于 90 等级为"优秀",大于等于 90 等级为"太出色了"。

【实施步骤】

ex_02.php:

```
<html>
<head>
<title>成绩输出</title>
</head>
<body>
<basefont size=6>
<form    action="" method="post">
输入成绩:<input type=text name=w1 size=20 value="<? $w1=$_POST[w1];if (isset($w1)) echo $w1;?>"><br>
<input type=submit value="看看等级"><br>
你的等级是:<input type=text name=w2 size=50 value="
<?
if(isset($w1)){
if ($w1<60)
    echo "没有及格,还要好好努力!";
else if ($w1>60 && $w1<70)
    echo "及格了,不过还要努力!";
else if($w1>=70 && $w1<80)
    echo "良好!";
else if($w1>=80 && $w1<90)
    echo "优秀";
else
  echo "太出色了!";
}
```

```
?>">
</form>
</body>
</html>
```

运行结果如图 2-7、图 2-8 所示。

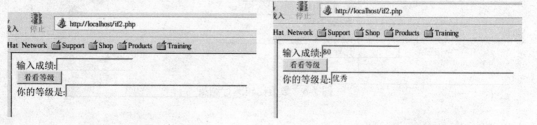

图 2-7　根据成绩输出结果　　　　图 2-8　成绩大于等于 80 输出结果

任务 3　用户选择自己喜欢的颜色

【任务描述】

首先设计一个页面给出用户选择的几种颜色，用户将自己喜欢的颜色对应数字填入文本框中，点击"提交"，在"你选择的颜色是"文本框中输出用户选择颜色数字对应的颜色。

【任务分析】

使用 switch 分支结构，在列出的 4 中颜色中输入选择颜色数字后提交，在你选择的颜色中显示出选择的颜色。如果 switch 中的表达式的值不在 1～4 的范围，则显示 default 中的语句。

【实施步骤】

ex_03.php:
```
<html>
<body>
<?
echo "1.红色<br>2.绿色<br>3.蓝色<br>4.黄色<br>";?>
<form   action="" method="post">
请输入选择颜色的数字<input type=text name=s1 value=""><br>
<input type=submit name=w1 value="提交"><br>
你选择的颜色是:<input type=text name=s2 value="
<?
    $s1=$_POST[s1];
   if (isset($s1))
{
switch($s1)
{
 case 1:
    echo "你选择了红色";break;
  case 2:
    echo "你选择了绿色";break;
   case 3:
    echo "你选择了蓝色";break;
   case 4:
    echo "你选择了黄色";break;
default:
    echo "请在以上颜色中选择一种!";
```

```
    }
  }
?>"?
</form>
</body>
</html>
```

运行结果如图 2-9、图 2-10 所示。

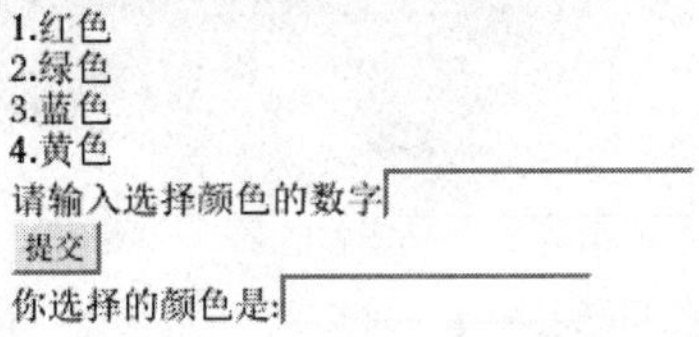

1.红色
2.绿色
3.蓝色
4.黄色
请输入选择颜色的数字
提交
你选择的颜色是:

1.红色
2.绿色
3.蓝色
4.黄色
请输入选择颜色的数字
提交
你选择的颜色是: 你选择了蓝色

图 2-9　选择喜欢颜色界面 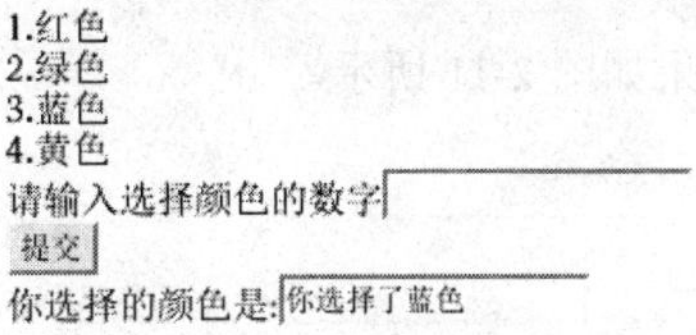　　　　　　　图 2-10　选择 4 的输出结果

任务 4　简单星期转换

【任务描述】

简单的星期转换，按提示输入数字，可以显示对应的中文所表示的星期几，首先用 html 编写一个网页，包括填写数字、显示中文星期的文本框和一个提示按钮，设置变量 w1 和 w2，w1 接受输入的数字，其中嵌入的 PHP 脚本语言把 w1 的值用 switch 语句处理得到相应的中文星期名，然后赋值给 w2，输出。

【任务分析】

任务使用 echo 语句输出数字 1～7 对应的中文星期一到星期天，给用户选择，然后利用 switch 语句将数字 1～7 和星期一到星期天对应起来，当用户输入不同数字时，对应的 case 语句找到对应数字对应的星期几，输出到文本框中。

【实施步骤】

ex_04.php:
```
<html>
<head>
<title>星期转换</title>
</head>
<body>
<basefont size=6>
<form action="" method=post>
<?
echo "1.星期一<br>2.星期二<br>3.星期三<br>4.星期四<br>5.星期五<br>6.星期六<br>7.星期天<br>";?>
输入数字:<input type=text name=w1 size=20 value="<?$w1=$_POST[w1];if(isset($w1)) echo $w1;?>"><br>
<input type=submit value="显示对应中文"><br>
中文星期:<input type=text name=w2 size=20 value="<?
 if(isset($w1))
 {switch($w1)
 { case 1:echo "星期日";break;
   case 2:echo "星期一";break;
   case 3:echo "星期二";break;
   case 4:echo "星期三";break;
   case 5:echo "星期四";break;
```

```
        case 6:echo "星期五";break;
        case 7:echo "星期六";break;
    default:
        echo "超出范围,请输入 0-6 的数";
    break;
    }
    }?>">
</form>
</body>
</html>
```

运行结果如图 2-11 所示。

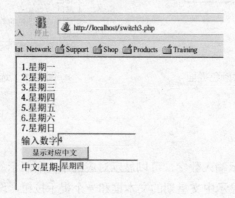

图 2-11　简单星期转换

任务 5　计算 1~100 的累加值

【任务描述】

计算 1~100 的累加就是计算 1+2+3+...+100 的结果，使用循环语句可以实现程序功能。

【任务分析】

PHP 中循环语句很多，这里使用 for 循环语句完成 1 到 100 累加值的计算，程序实现较为简单，注意 for 循环变量初始值为 1，终止值为小于等于 100，掌握 for 循环语句的语法结构。

【实施步骤】

ex_05.php:
```
<?
    $s1=0;
    for ($i=0;$i<=100;$i++)
    $s1+=$i;
    echo "使用 for 循环计算:1+2+3+4+...+100=$s1";
?>
```

运行结果如图 2-12 所示。

图 2-12　1~100 累加结果

任务 6 制作乘法口诀表

【任务描述】

本任务要制作一张乘法口诀表,如图 2-13 所示。先是正向从小到大输出乘法口诀,然后又从大到小输出乘法口诀。

【任务分析】

利用 PHP 的 for 循环语句嵌套实现乘法口诀表的正向和反向输出,程序在编写的时候需要注意第一层 for 循环的循环条件是 i 值小于等于 9,嵌套的第二层循环条件是 j 的值要小于等于 i 的值,然后利用 echo 输入计算表达式及结果,也就是乘法口诀表。

【实施步骤】

ex_06.php:

```
<?
    for($i=1;$i<=9;$i++){   //乘法口诀表
        for($j=1;$j<=$i;$j++){
            echo "$j × $i = ".$i*$j." ";
        }
        echo "<br>";
    }
    echo "";
    echo "";
    echo "";
    for($m=9;$m>=1;$m--){//乘法口诀表倒算
        for($n=9;$n>=$m;$n--){
            echo "$n × $m =".$m*$n." ";
        }
        echo "<br>";
    }
?>
```

运行结果如图 2-13 所示。

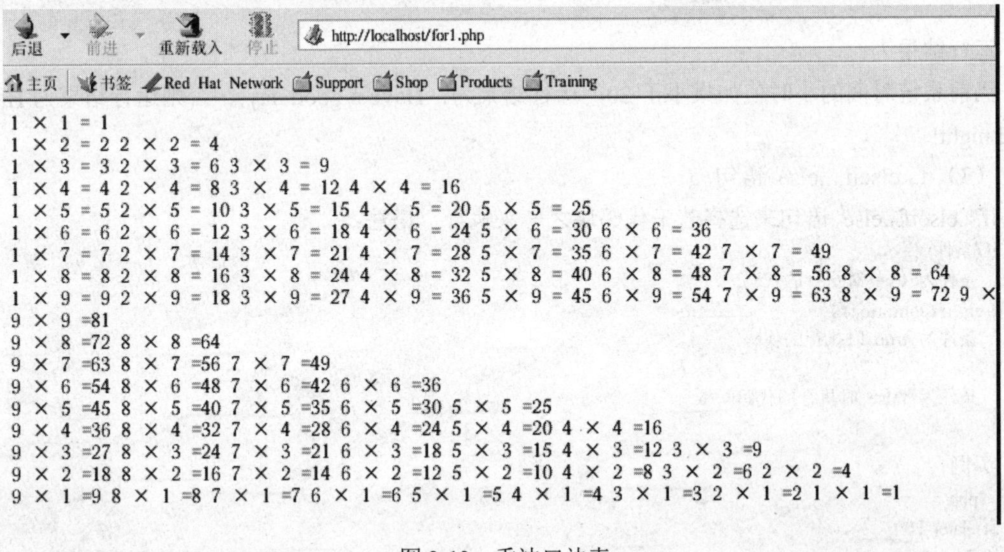

图 2-13 乘法口诀表

【项目相关知识点】

1. PHP 条件语句

（1）if 条件语句。

if 语句用于在指定条件为 true 时执行代码。语法：

```
if(条件) {
    当条件为 true 时执行的代码;
}
```

实例：

```
<?php
$t=date("H");
if ($t<"20") {
    echo "Have a good day!";
}
?>
```

运行结果为：

Have a good day!

（2）if...else 语句。

if....else 语句在条件为 true 时执行代码，在条件为 false 时执行另一段代码。语法：

```
if(条件) {
    条件为 true 时执行的代码;
} else {
    条件为 false 时执行的代码;
}
```

实例：

```
<?php
$t=date("H");
if ($t<"20") {
    echo "Have a good day!";
} else {
    echo "Have a good night!";
}
?>
```

运行结果为：

当前系统时间的小时值如果小于 20，运行结果为：Have a good day!，否则运行结果为 Have a good night!

（3）if...elseif....else 语句。

if....elseif...else 语句来选择若干代码块之一来执行。语法：

```
if(条件) {
    条件为 true 时执行的代码;
} elseif (condition) {
    条件为 true 时执行的代码;
} else {
    条件为 false 时执行的代码;
}
```

实例：

```
<?php
$t=date("H");
if ($t<"10") {
    echo "Have a good morning!";
```

```
} elseif ($t<"20") {
    echo "Have a good day!";
} else {
    echo "Have a good night!";
}
?>
```

运行结果为：

上例将输出 "Have a good morning!"，如果当前时间（HOUR）小于 10，如果当前时间小于 20，则输出 "Have a good day!"，否则将输出 "Have a good night!"。

（4）switch 语法结构。

如果希望有选择地执行若干代码块之一，请使用 switch 语句。使用 switch 语句可以避免冗长的 if..elseif..else 代码块。

语法：

```
switch (expression)
{
case label1:
    code to be executed if expression = label1; break;
case label2:
    code to be executed if expression = label2; break;
default:
    code to be executed
    if expression is different from both label1 and label2;
}
```

注意：

1）对表达式 expression（通常是变量）进行一次计算把表达式的值与结构中 case 的值进行比较，如果存在匹配，则执行与 case 关联的代码，代码执行后，break 语句阻止代码跳入下一个 case 中继续执行，如果没有 case 为真，则使用 default 语句。

2）在其他语言中 switch 后面跟的必须是整型变量，而在 PHP 中可以是任意标量型。

3）break 表示结束继续的匹配（跳出分支结构）。

4）default 分支表示除其他分支之外的选择。

5）switch 通常用来做单个值来匹配条件，if 通常用来匹配表达式。

6）switch 中语句不要包含太多。

实例：

```
<?php
switch ($x)
{
case 1:
    echo "Number 1";
    break;
case 2:
    echo "Number 2";
    break;
case 3:
    echo "Number 3";
    break;
default:
    echo "No number between 1 and 3";
}
```

```
?>
</body>
</html>
```

运行结果为：

Your favorite color is red!

2. PHP 循环语句

（1）while 语法结构。

while 循环只要指定的条件为真，就会执行代码块。语法：

```
while (条件为真) {
    要执行的代码;
}
```

实例：

```
<?php
$x=1;
while($x<=5) {
    echo "这个数字是： $x <br>";
    $x++;
}
?>
```

运行结果为：

数字是：1
数字是：2
数字是：3
数字是：4
数字是：5

（2）do...while 语法结构。

do...while 循环首先会执行一次代码块，然后检查条件，如果指定条件为真，则重复循环。语法：

```
do {
    要执行的代码;
} while (条件为真);
```

实例：

```
<?php
$x=1;
do {
    echo "这个数字是： $x <br>";
    $x++;
} while ($x<=5);
?>
```

运行结果为：

首先把变量 $x 设置为 1（$x=1）。然后，do while 循环输出一段字符串，然后对变量 $x 递增 1。随后对条件进行检查（$x 是否小于或等于 5）。只要 $x 小于或等于 5，循环将会继续运行：

数字是：1
数字是：2
数字是：3
数字是：4
数字是：5

（3）for 语法结构。

语法：

```
for (init counter; test counter; increment counter) {
```

```
    code to be executed;
}
```

参数:

init counter: 初始化循环计数器的值。

test counter: 评估每个循环迭代。如果值为 true，继续循环。如果它的值为 false，循环结束。

increment counter: 增加循环计数器的值。

下面的例子显示了从 0 到 10 的数字:

实例:

```
<?php
for ($x=0; $x<=10; $x++) {
    echo "数字是： $x <br>";
}
?>
```

运行结果为:

数字是: 0
数字是: 1
数字是: 2
数字是: 3
数字是: 4
数字是: 5
数字是: 6
数字是: 7
数字是: 8
数字是: 9
数字是: 10

2.3 PHP 字符串与正则表达式语句

任务 1 去除字符串首尾空格

【任务描述】

任务要求把给定含有空格的字符串中首尾的空格、特殊字符去掉，然后把字符串输出到浏览器上。

【任务分析】

在 Web 页面经常需要用户输入信息，有时候用户会将空格连同有用的字符一起输入，在获取用户信息的时候就需要先去除字符信息中的空格。本任务要求去除用户输入信息中首尾空格和特殊字符。

【实施步骤】

ex_01.php:

```
<?php
$str="\r(:@ PHP+MySQL 开发实践 @:)    ";
echo trim($str);//去除字符串左右两边的空格
echo "<br>";
echo trim($str,"\r(::)");//去除字符串左右两边的特殊字符
?>
```

运行结果如图 2-14 所示。

图 2-14　去除字符串空格

任务 2　合并与分割字符串

【任务描述】

任务要求将用符号@连接的字符串分开成单独的字符以数组的形式输出，然后再将分割的字符串中间用#号连接合并成一个字符串输出。

【任务分析】

在处理字符串的时候，经常会遇到需要将字符串连接或者分隔的情况，PHP 中使用函数 implode()、explode()来处理，这两个函数是相对的，一个用于合成、一个用于分隔。

【实施步骤】

ex_02.php：

```php
<?php
    $str="PHP 编程基础@PHP 流程控制语句@PHP 字符串处理与正则表达式@PHP 数组";
    echo $str;
    echo "<br>";
    $str_arr=explode("@",$str);           //应用@分隔字符串
    print_r($str_arr);                    //以数组的形式输出被分隔的字符串
    echo "<br>";
    $array1=implode("#",$str_arr);        //以#号连接被分隔的字符串
    echo $array1;    //输出连接后的字符串
?>
```

运行结果如图 2-15 所示。

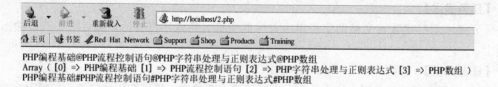

图 2-15　字符串合并与分割

任务 3　截取指定长度字符串

【任务描述】

按要求从字符串指定位置截取字符输出到浏览器上。

【任务分析】

PHP 中有一项非常重要的技术，就是可以截取指定长度的字符。PHP 中主要利用函数 substr() 实现，通过本任务实施，掌握 substr()函数的不用参数用法。

【实施步骤】

ex_03.php:
```
<?php
    echo substr("He is a big boy!",0);//从第 0 个字符开始截取
    echo "<br>";
    echo substr("He is a big boy!",3,10);//从第 3 个字符开始连续读取 10 个字符
    echo "<br>";
    echo substr("He is a big boy!",-3,10);//从倒数第 3 个字符开始连续截取 10 个字符
?>
```

运行结果如图 2-16 所示。

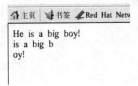

图 2-16　截取指定长度字符串输出

任务 4　验证身份证号码是否规范

【任务描述】

编写一个验证身份证号码的程序：要求身份证号码为 15 位或者 18 位的数字或者 17 位的数字加 x 或 X 结尾。如果用户输入的身份证号码不符合规范，输出"您的身份证号码不正确"，如果用户输入正确的身份证号码，输出"恭喜，已经输入正确的身份证号码"。

【任务分析】

首先设计一个表单，要求用户输入身份证号码，然后提交表单。当服务器获取到用户的信息后，判断用户输入的身份证号码是否符合要求，关键是如何验证身份证号码是否正确。验证身份证号码的正则表达式 "(^[0-9]{15}$)|(^[0-9]{18}$)|(^[0-9]{17}[x,X]$)"，在正则表达式中：

（1）^表示正则表达式的开始；

（2）[0-9]在前两个表格式中只有数字 0-9，而最后一个表达式中的[x,X]则是表示以字母 x 或 X 为结束；{15}，{18}，{17}则是表示表达式长度；

（3）[]表示任选一个；

（4）{}可以限定字符出现的个数；

（5）|表示"或者"，相当于 or 的作用。

【实施步骤】

ex_04.php:
```
<html>
<head>
</head>
<body>
<a>请输入身份证号码:</a><br>
<form action="" method="POST">
<input type="text" name="sn" value=<? echo $_POST[sn] ?>>
<input type="submit" value="提交">
</form>
</body>
```

```
</html>
<?php
  if($_POST["sn"])
{
  $erg="(^[0-9]{15}$)|([0-9]{18}$)|(^[0-9]{17}[x,X]$)";
  if (ereg($erg,$_POST["sn"]))
    die("恭喜你,已经输入正确的身份证号码!");
  else
echo "您输入的身份证号码不正确!";
}
?>
```

运行结果如图 2-17、图 2-18 所示。

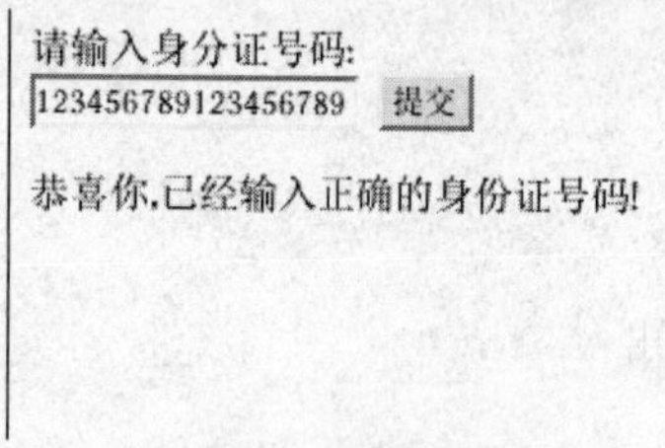

图 2-17　验证正确身份证号码结果 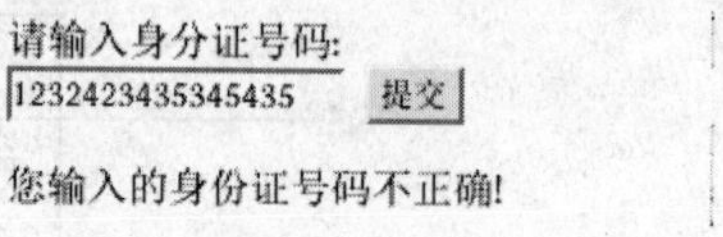　　　　图 2-18　验证错误身份证号码结果

任务 5　验证邮箱格式是否正确

【任务描述】

编写一个表单验证程序,验证邮箱格式是否正确。要求邮箱地址必须以字母数字或下画线开始,中间必须有一个@符号,@符号后面加字母、数字或者下划线组成的字符串组成的字符串,最后以符号"."加字母、数字或者下划线组成的字符串结束。

【任务分析】

按任务要求验证邮箱格式是否正确转换为正则表达式的符号表示为"^([a-zA-Z0-9_-])+@([a-zA-Z0-9_-])+(\.[a-zA-Z0-9_-])+",在正则表达式中：

（1）^表示正则表达式的开始；

（2）[a-zA-Z0-9_-]表示大写字母、小写字母、数字或者下滑线；

（3）[]表示任选一个；

（4）+@表示可以出现一个或者多个@。

【实施步骤】

填写用户信息静态页面参考代码如下：

ex_05.html:

```
<html>
<head>
<title>表单程序</title>
</head>
<body>
<table align="center">
<tr><td>
<form method="post" action="6-40.php">
E-MAIL:<input type=text name=mail><br>
<input   type=submit   value="验证">
```

```
</form>
</td></tr></table>
</form>
</body>
</html>
```

验证用户信息是否符合规范参考代码如下：

ex_05.php：
```
<?
if (!ereg("^([a-zA-Z0-9_-])+@([a-zA-Z0-9_-])+(\.[a-zA-Z0-9_-])+",$_POST[mail]))
    echo "您的邮箱地址不正确!<br>";
else {
    echo "您的邮箱地址正确!";
}
?>
```

运行结果如图 2-19、图 2-20 所示。

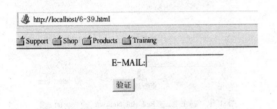

图 2-19　输入 e-mail 地址

图 2-20　判断邮箱格式是否正确

任务 6　验证网址、IP 地址是否符合要求

【任务描述】

编写一个表单验证程序，验证网站地址、IP 地址。网站地址为字母开头加符号"//"的形式。IP 地址为 4 个段，每个段为 1～3 个数字加符号"."。

【任务分析】

根据任务要求，网站地址转换为正则表达式符号为：

"[a-zA-Z]+://[^\s]*"

IP 地址转换为正则表达式符合为：

"[0-9]{1,3}.[0-9]{1,3}.[0-9]{1,3}.[0-9]{1,3}"

【实施步骤】

填写用户信息静态页面参考代码如下：

ex_06.html：
```
<html>
<head>
<title>表单程序</title>
</head>
<body>
<table align="center">
<tr><td>
<form method="post" action="6-41.php">
网站地址:<input type=text name=url><br>
IP 地址:<input type=text name=ip><br>
<br><input type=submit value="验证">
```

```
</form>
</td></tr></table>
</form>
</body>
</html>
```

验证用户信息是否符合规范参考代码如下：

ex_06.php:
```
<?
if (!ereg("[a-zA-Z]+://[^\s]",$_POST[url]))
    $out="您输入的网址不正确!<br>";
if (!ereg("[0-9]{1,3}.[0-9]{1,3}.[0-9]{1,3}.[0-9]{1,3}",$_POST[ip]))
    $out.="您输入的IP地址不正确<br>";
if ($out)
    echo $out;
else {
    echo "您的信息填写完全符合规范!";
}
```

运行结果如图 2-21 至图 2-24 所示。

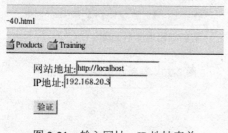

图 2-21　输入网址、IP 地址表单

图 2-22　输入正确信息显示结果

图 2-23　输入网址、IP 地址表单

图 2-24　输入错误信息显示结果

任务 7　验证电话号码、账号是否符合规范

【任务描述】

编写一个表单验证程序，验证电话、账号是否符合要求。电话号码为 3 位数字区号加符号 "-" 加 8 为数字电话号码、或者 4 位数字区号加符号 "-" 加 7 位数字号码。账号以字母开头、加 4～15 位数字的字母或者数字。

【任务分析】

根据任务要求，验证电话号码要求转换为正则表达式为：

"[0-9]{3}-[0-9]{8}|[0-9]{4}-[0-9]{7}"

根据任务要求，验证账号要求转换为正则表达式为：

"^[a-zA-Z][a-zA-Z0-9_]{4,15}$"

【实施步骤】

填写用户信息静态页面参考代码如下：

ex_07.html：

```html
<html>
<head>
<title>表单程序</title>
</head>
<body>
<table align="center">
<tr><td>
<form method="post" action="6-40.php">
电话:<input type=text name=phone><br>
账号:<input type=text name=zh><br>
<br><input type=submit value="验证">
</form>
</td></tr></table>
</form>
</body>
</html>
```

验证用户信息是否符合规范参考代码如下：

ex_07.php：

```
<?
if (!ereg("[0-9]{3}-[0-9]{8}|[0-9]{4}-[0-9]{7}",$_POST[phone]))
    $out.="您的电话号码不正确,在这里输入的电话号码如:0512-53940672<br>";
if (!ereg("^[a-zA-Z][a-zA-Z0-9_]{4,15}$",$_POST[zh]))
    $out.="输入的账号不正确,请输入正确的账号<br>";
if ($out)
    echo $out;
else {
    echo "您的信息填写完全符合规范!";
}
?>
```

运行结果如图 2-25、图 2-26 所示。

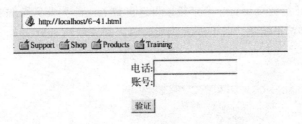

图 2-25　验证电话号码、账号表单

您的电话号码不正确,在这里输入的电话号码如:0512-53940672
输入的账号不正确,请输入正确的账号

图 2-26　验证结果是否正确页面

【项目相关知识点】

1. 去除字符串首尾空格和特殊字符函数

trim()函数——去除字符串首尾处的空白字符（或者其他字符）。

函数说明：
string trim (string $str [, string $charlist])

此函数返回字符串 str 去除首尾空白字符后的结果。如果不指定第二个参数，trim() 将去除这些字符：

" " (ASCII 32 (0x20))，普通空格符。
" " (ASCII 9 (0x09))，制表符。
" " (ASCII 10 (0x0A))，换行符。
" " (ASCII 13 (0x0D))，回车符。
" " (ASCII 0 (0x00))，空字节符。
"x0B" (ASCII 11 (0x0B))，垂直制表符。

参数：

str：待处理的字符串。

charlist：可选参数，过滤字符也可由 charlist 参数指定。一般要列出所有希望过滤的字符，也可以使用 ".." 列出一个字符范围。

返回值：过滤后的字符串。

2. 获取字符串长度函数

strlen()函数——返回字符串的长度。

语法：

strlen(string)

参数 string 为必需，规定要检查的字符串。

实例：

```
<?
echo strlen("nihao!"); //5
echo strlen("美国人!");//6 strlen 得到的值是汉字个数的 2 倍
?>
```

3. 截取字符串函数

substr 函数的语法：

string substr(string string, int start, int [length])

参数 string 为要操作的字符串，参数 start 为要截取的字符串的开始位置，若 start 为负数时，则表示从倒数第 start 开始截取 length 个字符，可选参数 length 为要截取的字符串长度，若在使用时不指定则默认取到字符串结尾。若 length 为负数时，则表示从 start 开始向右截取到末尾倒数第 length 个字符的位置。

实例：

```
$str = "ABCDEFGHIJKLMNOPQRSTUVWXYZ";//构造字符串
echo "原字符串：".$str." "; //按各种方式进行截取
$str1 = substr($str,5);
echo "从第 5 个字符开始取至最后：".$str1."";
$str2 = substr($str,9,4);
echo "从第 9 个字符开始取 4 个字符：".$str2."";
$str3 = substr($str,-5);
echo "取倒数 5 个字符：".$str3."";
$str4 = substr($str,-8,4);
echo "从倒数第 8 个字符开始向后取 4 个字符：".$str4."";
$str5 = substr($str,-8,-2);
   echo "从倒数第 8 个字符开始取到倒数第 2 个字符为止：".$str5."";
 ?>
```

4. 正则表达式判断是否匹配

步骤如下：

（1）定义一个变量等于正则表达式，如：

$erg="^62048*-x+y?3517$";

（2）利用 ereg()函数判断字符串$_POST["name 值"]是否符合正则表达式$erg。ereg()函数格式：ereg(正则表达式,字符串)，作用：正则表达式匹配，字符串与正则表达式如匹配，返回 true，否则返回 false。

5. 正则表达式符号含义

（1）^：用来匹配字符串的开始。
（2）$：用来匹配字符串的结束。
（3）*：用来表示一个字符可以出现零次或者多次。
（4）+：用来表示一个字符可以出现一次或者多次。
（5）?：用来表示一个字符可以出现零次或者一次。
（6）[]：方括号表达式，格式为[字母表]，表示任选一个。
（7）{}：可以限定字符出现的个数。
（8）|：表示或者，相当于 or。
（9）\：表示转义字符。
（10）\s：表示匹配空白字符。
（11）\S：表示匹配非空白字符。

2.4 PHP 数组定义与访问

任务 1　数组合并与拆分

【任务描述】

现在有两个数组，一个存放了三种水果：苹果、香蕉、梨，一个存放了三个数字：1、2、3，现将这两个数组合并输出，同时有一个数组中存放了"Apple"、"Banana"、"Orange"、"Pear"、"Grape"、"Lemon"、"Watermelon"七种水果名称，将其从第四种水果名称输出。

【任务分析】

将两个数组一个存放水果、一个数字的数组合并成一个数组输出需要使用 PHP 数组中合并函数 array_merge()，将一个数组中某几个输出使用拆分数组函数 array_slice()，该函数可以指定从函数的第几个开始输出。

【实施步骤】

ex_01.php:

```
<?php
$fruits = array("apple","banana","pear");
$numbered = array("1","2","3");
$cards = array_merge($fruits, $numbered);    //合并数组函数
print_r($cards);
$fruits = array("Apple", "Banana", "Orange", "Pear", "Grape", "Lemon", "Watermelon");
$subset = array_slice($fruits, 3);    //拆分数组函数
print_r($subset);
?>
```

运行结果如图 2-27 所示。

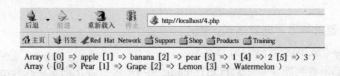

图 2-27 数组合并与拆分

任务 2 数组元素的添加与删除

【任务描述】

在给定数组的元素前面或者后面增加几个元素，删除数组中第一个或者最后一个元素。

【任务分析】

在存放水果名称的数组变量中再增加几种水果名称，或者删除几种水果名称，可以使用 PHP 中数组函数 array_unshifft()、array_push()、array_shift()、array_pop()实现。

【实施步骤】

ex_02.php：

```
<?
    $fruits = array("apple","banana");
    array_unshifft($fruits,"orange","pear")
    print_r($fruits);   // $fruits = array("orange","pear","apple","banana");
    echo"<br>";
    $fruits = array("apple","banana");
    array_push($fruits,"orange","pear")
    print_r($fruits);   //$fruits = array("apple","banana","orange","pear")
    echo "<br>";
    $fruits = array("apple","banana","orange","pear");
    $fruit = array_shift($fruits);
    print_r($fruits);   // $fruits = array("banana","orange","pear")
    // $fruit = "apple";
    echo "<br>";
    $fruits = array("apple","banana","orange","pear");
    $fruit = array_pop($fruits);
    print_r($fruits);   //$fruits = array("apple","banana","orange");
    //$fruit = "pear";
?>
```

运行结果如图 2-28 所示。

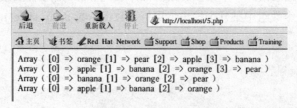

图 2-28 数组元素添加与删除

任务 3 查找数组元素

【任务描述】

在苹果、梨、香蕉三种水果中找出颜色是红色的水果输入，找出颜色是绿色的水果输入，任务要求在给定的数组中查找指定元素,并将查找的元素输出。

【任务分析】

这里用到 PHP 的两个查找数组元素的函数分别是 array_key_exists、array_search,通过任务可以清楚知道这两个函数的使用方法,并按要求将查找到的水果输出。

【实施步骤】

ex-03.php:

```
<?
$fruit["apple"] = "red";
$fruit["banana"] = "yellow";
$fruit["pear"] = "green";
if(array_key_exists("apple", $fruit)){
    printf("apple's color is %s",$fruit["apple"]);
}
echo "<br>";
$founded = array_search("green", $fruit);
if($founded)
    printf("%s was founded on %s.",$founded, $fruit[$founded])
?>
```

运行结果如图 2-29 所示。

图 2-29　查找数组元素

【项目相关知识点】

1. 数组含义与声明

(1) 数组的概述。

数组的本质:管理和操作一组变量,成批处理,数组是复合类型(可以存储多个),数组中可以存储任意长度的数据,也可以存储任意类型的数据,数组可以完成其他语言数据结构的功能(链表、队列、栈、集合类),数组中有多个单元(单元称为元素),每个元素都有下标[键]和值,当访问元素的时候,都是通过下标(键)来访问元素。

(2) 数组的分类。

数组分为一维数组、二维数组、三维数组…多维数组(数组的数组,就是在数组中存有其他的数组)。PHP 中有两种数组,即索引数组(就是下标是顺序整数的索引)和关联数组(就是下标是字符串作为索引)。

(3) 数组多种声明方式。

直接为数组元素赋值声明:如果索引下标不给出,就会从 0 开始顺序索引,如果给出索引下标,下一个就会从最大的开始增 1,如果后面出现前面的下标,如果是赋值就是为前面的元素重新赋值,混合声明时,索引和关联不互相影响(不影响索引下标的声明)。

使用 array()函数声明:默认是索引数组,如果为关联数组和索引数组指定下标,使用键=>值,多个成员之间使用","分割。

函数声明实例：
```
//索引数组
$user[0]=1;//用户序号
$user[1]="zhangsan";//用户名
$user[2]=10;//年龄
$user[3]="nan";//性别
echo '<pre>';
print_r($user);
echo '</pre>';
//关联数组
$user["id"]=1;
$user["name"]="zhangsan";
$user["age"]=10;
$user["sex"];
$user["age"]=90;//赋值
echo $user["name"];//输出
//使用 array()声明数组
$user=array(1,"zhangsan",10,"nan");
//使用 array()声明关联数组
$user=array("id"=>1,"name"=>"zhangsan","age"=>10,"sex"=>"nan");
//声明多维数组（多条记录），来保存一个表中的多条用户信息记录
$user=array(
//用$user[0]调用这一行，比如调用这条记录中的姓名，$user[0][1]
array(1,"zhangsan",10,"nan"),
//用$user[1]调用这一行，比如调用这条记录中的姓名，$user[1][1]
array(2,"lisi",20,"nv")
);
//数组保存多个表，每个表有多条记录
$info=array(
"user"=>array(
array(1,"zhangsan",10,"nan"),
array(2,"lisi",20,"nv")
),
"score"=>array(
array(1,90,80,70),
array(2,60,40,70)
)
);
echo $info["score"][1][1];//输出 60
?>
```

2. 数组输出

方式一：只能输出值 value 不能输出 key。
```
$bbbb=array("11"=>"aaa","22"=>"bbb");foreach($bbbb as $color)
echo $color;
```

方法二：value 与 key 都可输出。
```
foreach($bbbb as $key=>$value)
echo $key."=>".$value;
```

方法三：value 与 key 都可输出。
```
while($color=each($bbbb)){
echo $color['key'];
}
```

输出结果：
```
array(3) {
```

```
    [0]=>
    int(1)
    [1]=>
    int(2)
    [2]=>
    array(3) {
      [0]=>
      string(1) "a"
      [1]=>
      string(1) "b"
      [2]=>
      string(1) "c"
    }
  }
```

3. 遍历数组的方法

（1）foreach()。

foreach()是一个用来遍历数组中数据的最简单有效的方法。

#example1：

```php
<?php
    $colors= array('red','blue','green','yellow');
    foreach ($colors as $color){
    echo "Do you like $color? <br />";
}
?>
```

显示结果：

Do you like red?
Do you like blue?
Do you like green?
Do you like yellow?

（2）while()。

while()通常和 list()、each()配合使用。

#example2：

```php
<?php
    $colors= array('red','blue','green','yellow');
    while(list($key,$val)= each($colors)) {
    echo "Other list of $val.<br />";
}
?>
```

显示结果：

Other list of red.
Other list of blue.
Other list of green.
Other list of yellow.

（3）for()。

#example3：

```php
<?php
    $arr= array ("0"=> "zero","1"=> "one","2"=> "two");
    for ($i= 0;$i< count($arr); $i++){
    $str= $arr[$i];
    echo "the number is $str.<br />";
```

```
    }
?>
```

显示结果:
the number is zero.
the number is one.
the number is two.

（4）key()。

mixed key(array input_array)

key()函数返回 input_array 中位于当前指针位置的键元素。

#example4：
```
<?php
    $capitals= array("Ohio"=> "Columbus","Towa"=> "Des Moines","Arizona"=> "Phoenix");
    echo "<p>Can you name the capitals of these states?</p>";
    while($key= key($capitals)) {
    echo $key."<br />";
    next($capitals);
    //每个 key()调用不会推进指针，为此要使用 next()函数
    }
?>
```

显示结果:
Can you name the capitals of these states?
Ohio
Towa
Arizona

（5）reset()。

mixed reset(array input_array)

reset()函数用来将 input_array 的指针设置回数组的开始位置。如果需要在一个脚本中多次查看或处理同一个数组，就经常使用这个函数，另外这个函数还常用于排序结束时。

#example5 — 在#example1 上追加代码:
```
<?php
    $colors= array('red','blue','green','yellow');
    foreach ($colorsas$color){
    echo "Do you like $color? <br />";
    }
    reset($colors);
    while(list($key,$val)= each($colors)) {
    echo "$key=> $val<br />";
    }
?>
```

显示结果:
Do you like red?
Do you like blue?
Do you like green?
Do you like yellow?
0 => red
1 => blue
2 => green
3 => yellow

注意：将一个数组赋值给另一个数组时会重置原来的数组指针，因此在上例中如果我们在循环内部将 $colors 赋给了另一个变量的话将会导致无限循环。例如将 "$s1 = $colors;" 添加到 while

循环内，再次执行代码，浏览器就会无休止地显示结果。

（6）each()。

array each(array input_array)

each()函数返回输入数组当前键/值对，并将指针推进一个位置。返回的数组包含四个键，键 0 和 key 包含键名，而键 1 和 value 包含相应的数据。如果执行 each()前指针位于数组末尾，则返回 false。

#example6：
```
<?php
    $capitals= array("Ohio"=> "Columbus","Towa"=> "Des Moines","Arizona"=> "Phoenix");
    $s1= each($capitals);
    print_r($s1);
?>
```
显示结果：

Array ([1] => Columbus [value] => Columbus [0] => Ohio [key] => Ohio)

（7）current()，next()，prev()，end()。

mixed current(array target_array)

current()函数返回位于 target_array 数组当前指针位置的数组值。与 next()、prev()和 end()函数不同，current()不移动指针。

next()函数返回紧接着放在当前数组指针的下一个位置的数组值。

prev()函数返回位于当前指针前一个位置的数组值，如果指针本来就位于数组的第一个位置，则返回 false。

end()函数将指针移向 target_array 的最后一个位置，并返回最后一个元素。

#example7：
```
<?php
    $fruits= array("apple","orange","banana");
    $fruit= current($fruits); //return "apple"
    echo $fruit."<br />";
    $fruit= next($fruits); //return "orange"
    echo $fruit."<br />";
    $fruit= prev($fruits); //return "apple"
    echo $fruit."<br />";
    $fruit= end($fruits); //return "banana"
    echo $fruit."<br />";
?>
```
显示结果：

apple
orange
apple
banana

4. 合并数组

array_merge()函数将数组合并到一起，返回一个联合的数组。所得到的数组以第一个输入数组参数开始，按后面数组参数出现的顺序依次追加。其形式为：

array array_merge (array array1 array2…,arrayN)

这个函数将一个或多个数组的单元合并起来，一个数组中的值附加在前一个数组的后面，返回作为结果的数组。

如果输入的数组中有相同的字符串键名，则该键名后面的值将覆盖前一个值。然而，如果数组包含数字键名,后面的值将不会覆盖原来的值,而是附加到后面。如果只给了一个数组并且该数组是数字索引的,则键名会以连续方式重新索引。

5. 拆分数组 array_slice()

array_slice()函数将返回数组中的一部分,从键 offset 开始,到 offset+length 位置结束。其形式为:

array array_slice (array array, int offset[,int length])

offset 为正值时,拆分将从距数组开头的 offset 位置开始;offset 为负值时,则拆分从距数组末尾的 offset 位置开始。如果省略了可选参数 length,则拆分将从 offset 开始,一直到数组的最后一个元素。如果给出了 length 且为正数,则会在距数组开头的 offset+length 位置结束。相反,如果给出了 length 且为负数,则在距数组开头的 count(input_array)-|length|位置结束。

6. 在数组头添加元素

array_unshift()函数在数组头添加元素。所有已有的数值键都会相应地修改,以反映其在数组中的新位置,但是关联键不受影响。其形式为:

int array_unshift(array array,mixed variable[,mixed variable])

在数组尾添加元素,array_push()函数的返回值是 int 型,是压入数据后数组中元素的个数,可以为此函数传递多个变量作为参数,同时向数组压入多个变量。其形式为:

(array array,mixed variable [,mixed variable...])

7. 从数组头删除值

array_shift()函数删除并返回数组中找到的元素。其结果是,如果使用的是数值键,则所有相应的值都会下移,而使用关联键的数组不受影响。其形式为:

mixed array_shift(array array)

从数组尾删除元素,array_pop()函数删除并返回数组的最后一个元素。其形式为:

mixed array_pop(aray target_array);

8. 查找数组元素函数

如果在一个数组中找到一个指定的键,函数 array_key_exists()返回 true,否则返回 false。其形式为:

[html] view plaincopy
boolean array_key_exists(mixed key,array array);

array_search()函数在一个数组中搜索一个指定的值,如果找到则返回相应的键,否则返回 false。其形式为:

[html] view plaincopy
mixed array_search(mixed needle,array haystack[,boolean strict])

2.5 PHP 文件上传

任务1 实现单个文件上传

【任务描述】

在 PHP 编写 Web 应用程序时,经常需要实现上传文件功能,这里需要实现上传单个文件。

【任务分析】

完成任务首先设计可以上传文件的表单,表单属性中一定要注意设置 enctype="multipart/form-data",这样服务器才知道上传文件带有常规表单信息,然后利用函数 move_uploaded_file()上传文件到服务器。

【实施步骤】

参考代码如下：

```php
<form action="" method="post" enctype="multipart/form-data" name="form">
<input name="up_file" type="file"/>
<input type="submit" name="submit" value="上传"/>
</form>
<?php
if(!empty($_FILES[up_file][name]))
{
    $fileinfo=$_FILES[up_file];
    move_uploaded_file($fileinfo['tmp_name'],$fileinfo['name']);
    echo "上传成功";
}
?>
```

运行结果如图 2-30、图 2-31 所示。

图 2-30　上传文件表单

图 2-31　上传成功页面

任务 2　上传指定文件类型的文件

【任务描述】

任务要求用户上传文件时只能上传图片文件，并且文件类型为"jpg"、"gif"、"bmp"、"jpeg"、"png"中任意一种，上传其他文件会提示用户文件类型不正确。

【任务分析】

任务需要上传一个文件到服务器上，首先设计制作一个表单用于用户上传文件的操作，然后利用 PHP 中相关函数实现文件上传的功能，在 PHP 中使用文件上传功能，需要在 php.ini 配置文件中对上传做一些相关设置，然后通过预定义变量$_FILES 的值对上传文件做限制和判断，最后使用上传文件函数 move_uploaded_file()实现上传。

【实施步骤】

参考代码如下：

```html
<html>
<body>
<form method="post" action="upload.php" enctype="multipart/form-data">
```

```
            <table border=0 cellspacing=0 cellpadding=0 align=center>
                <tr>
                    <td height=20 align="center"><input type="hidden" name="MAX_FILE_SIZE" value="2000000">文件上传：
                    <input name="file" type="file"    value="浏览" ></td></tr>
                    <tr><td align="center"> <input type="submit" value="上传" name="B1">
                    </td>
                </tr>
            </table>
        </form>
    </body>
</html>
```

运行结果如图 2-32 所示。

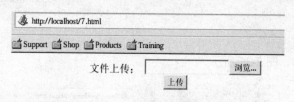

图 2-32　上传文件表单

程序说明：

（1）<form method="post" action="upload.php" enctype="multipart/form-data">，采用 POST 方式提交表单。表单中必须设置 enctype="multipart/form-data，服务器就知道上传文件带有常规表单信息。

（2）此外还需要一个隐藏域来限制上传文件的最大长度：<input type="hidden" name="MAX_FILE_SIZE" value="2000000">，这里 name 必须设置成 MAX_FILE_SIZE，其值就是上传文件的最大长度，单位是 B，这里限制成 2M。

（3）<input name="file" type="file" value="浏览" >，type="file"说明了文件类型，这样一个基本的上传文件接口就完成了。

（4）如何用 PHP 来处理上传的文件，首先需要修改 php.ini 中设置的上传文件最大长度，可根据实际情况修改，另 PHP 的上传是先传到临时目录，再移至指定目录的，临时目录可根据需要修改，也可使用默认值。

PHP 处理上传文件的参考代码如下：

```php
<?php
    $uploaddir = "./files/";//设置文件保存目录 注意包含/
    $type=array("jpg","gif","bmp","jpeg","png");//设置允许上传文件的类型
    $patch="http://127.0.0.1/var/wwww/html/files/";//程序所在路径
//获取文件后缀名函数
        function fileext($filename)
        {
            return substr(strrchr($filename, '.'), 1);
        }
    //生成随机文件名函数
    function random($length)
    {
        $hash = 'CR-';
        $chars = 'ABCDEFGHIJKLMNOPQRSTUVWXYZ0123456789abcdefghijklmnopqrstuvwxyz';
        $max = strlen($chars) - 1;
```

```php
            mt_srand((double)microtime() * 1000000);
            for($i = 0; $i < $length; $i++)
            {
                $hash .= $chars[mt_rand(0, $max)];
            }
        return $hash;
    }
$a=strtolower(fileext($_FILES['file']['name']));
//判断文件类型
if(!in_array(strtolower(fileext($_FILES['file']['name'])),$type))
  {
    $text=implode(",",$type);
    echo "您只能上传以下类型文件: ",$text,"<br>";
  }
//生成目标文件的文件名
else{
  $filename=explode(".",$_FILES['file']['name']);
    do
    {
        $filename[0]=random(10); //设置随机数长度
        $name=implode(".",$filename);
        //$name1=$name.".Mcncc";
        $uploadfile=$uploaddir.$name;
    }
while(file_exists($uploadfile));
    if (move_uploaded_file($_FILES['file']['tmp_name'],$uploadfile)){
        //输出图片预览
        echo "<center>您的文件已经上传完毕 上传图片预览:
</center><br><center>
 <img src='$uploadfile'></center>";
        echo"<br><center><a href='javascript:history.go(-1)'>继续上传
</a></center>";
    }
    else{
      echo "上传失败！";
    }

}
?>
```

程序说明：

（1）该程序以上传图片为例，先判断文件类型是否为图片格式，若是则上传文件，以随机数和时间的组合重新命名文件（避免上传文件重名），接着上传文件到指定目录，成功上传则输出上传的图片预览。

（2）程序中一些函数作些解释。return substr(strrchr($filename, '.'), 1)，strrchar()函数有什么作用呢？比如一个图片文件 pic.jpg，我们用 strrchr 处理，strrchr(pic.jpg,'.')，它将返回.jp。该函数返回指定字符在该字符串最后出现的位置后的字符。配合 substr() 我们就可以取到 jpg，这样我们就得到了文件的后缀名，来判断上传文件是否符合指定格式。本程序把指定的格式放在一个数组中，实际使用时可根据需要添加。

（3）接下来看产生随机数文件名部分，mt_srand()这个函数，叫随机数发生器种子，其实就是初始化一个随机数的函数，参数是(double)microtime() * 1000000，这里如果不设置参数就会自动设置个随机数,但如此一来,随机数就具备一定的长度,保证了上传文件不重名。

(4)接着,调用判断文件类型的函数,并将其转化为小写 strtolower(fileext($_FILES['file']['name'])),这里 $_FILES 是个超级全局数组,保存了需要处理的表单数据,上传接口<input name="file" type="file" value="浏览" >,根据这个表单名称可以得到很多信息:

　　$_FILES['file']['name']--得到文件名称
　　$_FILES['file']['tmp_name']--得到临时存储位置
　　$_FILES['file']['size']--得到文件大小
　　$_FILES['file']['type']--得到文件 MIME 类型

(5) file_exists()——判断指定目录是否存在,不存在不能上传;move_uploaded_file——将上传文件移至指定目录;is_uploaded_file——判断文件是否已经通过 HTTP POST 上传,成功上传,就输出预览,否则输出上传失败。

(6)修改保存上传文件目录权限,如本例中文件上传到目录/var/www/html/files 保存,因此使用命令 chmod 777 /var/www/html/files 使用户对目录有写入权限,保证上传文件成功。

如果上传文件类型不正确,结果如图 2-33 所示。

图 2-33　错误文件类型显示结果

如果上传文件类型正确,结果如图 2-34 所示。

图 2-34　上传成功页面

【项目相关知识点】

1. PHP 修改配置文件 php.ini 设置文件上传

打开 php.ini,首先找到; File Uploads ;区域,有影响文件上传的以下几个参数:

(1) file_uploads = on:是否允许通过 HTTP 上传文件的开关。默认为 ON 即是开。

(2) upload_tmp_dir:文件上传至服务器上存储临时文件的地方,如果没指定就会用系统默认的临时文件夹。

(3) upload_max_filesize = 8m:即允许上传文件大小的最大值。默认为 2M。在; Data Handling ;区域,还有一项:

post_max_size = 8m：指通过表单 POST 给 PHP 的所能接收的最大值，包括表单里的所有值。默认为 8M，如果想上传大于 8M 的文件，还需要设置以下几个参数：

```
; Resource Limits ;
max_execution_time = 600    ;每个 PHP 页面运行的最大时间值（秒），默认 30 秒
max_input_time = 600        ;每个 PHP 页面接收数据所需的最大时间，默认 60 秒
memory_limit = 8m           ;每个 PHP 页面所吃掉的最大内存，默认 8M
```

2．预定义变量$_FILES

预定义变量$_FILES 元素说明如表 2-6 所示。

表 2-6　预定义变量$_FILES 元素说明

元素名	说明
$_FILES[filename][name]	存储了上传文件的文件名
$_FILES[filename][size]	存储了文件大小
$_FILES[filename][tmp_name]	文件上传时，在临时目录中被保存成一个临时文件
$_FILES[filename][type]	上传文件类型
$_FILES[filename][error]	存储了上传文件的结果

3．move_uploaded_file()函数

move_uploaded_file() 函数将上传的文件移动到新位置，若成功，则返回 true，否则返回 false。语法：move_uploaded_file(file,newloc)，参数 file 为必需项，规定要移动的文件，newloc 为必需项，规定文件的新位置。

本函数检查并确保由 file 指定的文件是合法的上传文件（即通过 PHP 的 HTTP POST 上传机制所上传的）。如果文件合法，则将其移动为由 newloc 指定的文件。如果 file 不是合法的上传文件，不会出现任何操作，move_uploaded_file() 将返回 false。如果 file 是合法的上传文件，但出于某些原因无法移动，不会出现任何操作，move_uploaded_file() 将返回 false，此外还会发出一条警告。

4．file_exists()函数

file_exists() 函数检查文件或目录是否存在。如果指定的文件或目录存在则返回 true，否则返回 false。语法：file_exists(path)，参数 path 是必需项，规定要检查的路径。例子：

```
<?php
Echo file_exists("test.txt");
?>
```

输出：1

2.6　PHP 访问 Web 页面

任务 1　用户注册页面设计与制作

【任务描述】

现在需要设计一个用户注册页面，内容主要包括：账号、姓名、密码、性别、爱好等信息，并且用户填写完成提交后，将用户填写信息显示在页面上。

【任务分析】

设计制作用户注册页面，首先利用 HTML 的表单设计一个 userinfo.html 页面，该页面需要用到文本框、单选按钮、下拉列表框、复选框、按钮等表单对象，提交表单后，由 showinfo.php 处理提交信息，利用 PHP 中$_POST[]方法获取用户填写表单信息，并显示在页面上。

【实施步骤】

userinfo.html 页面参考代码如下：

```html
<html>
<head>
<title>
用户注册
</title>
</head>
<body>
<font color="#FF0000">欢迎光临本网站,请首先填写以下个人信息:</font><br>
<form method="post" action="showinfo.php">
账号:<input size=16 name=login><br>
姓名:<input size=19 type=text name=yourname><br>
密码:<input size=19 type=password name=passwd><br>
确认密码:<input size=19 type=password name=passwd><br>
查询密码问题:<br>
<select name=question>
    <option selected vale="">--请您选择--</option>
<option value="您最好的朋友是谁?">您最好的朋友是谁?</option>
<option value="您最喜欢的歌曲?">您最喜欢的歌曲?</option>
<option value="您最喜欢的电影?">您最喜欢的电影?</option>
<option value="您最喜欢的运动?">您最喜欢的运动?</option>
</select>
<br>
查询密码答案:<input name=question2 size=18><br>
<br>
性别:<input type="radio" name="gender" value="1" checked>
男
<input type="radio" name="gender" value=2>
女
<br>
请选择您的爱好:<br>
<input type="checkbox" name="hobby[]" value="跳舞">跳舞<br>
<input type="checkbox" name="hobby[]" value="旅游">旅游<br>
<input type="checkbox" name="hobby[]" value="唱歌">唱歌<br>
<input type="submit" value="提交">
<input type="reset" value="重置">
<br>
</body>
</html>
```

程序运行后界面如图 2-35 所示。

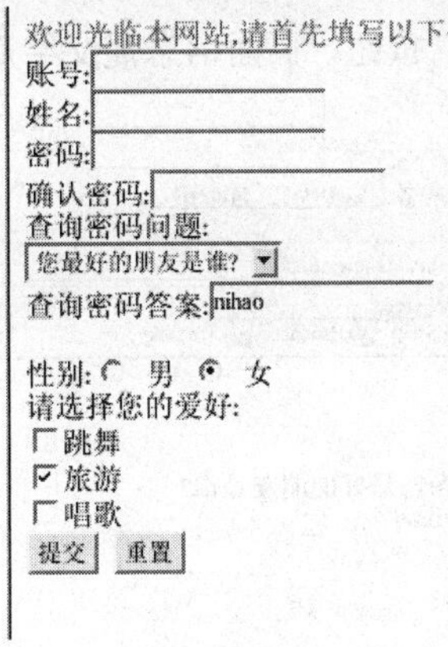

图 2-35 填写用户注册信息表单

showinfo.php 页面参考代码如下：

```
<?
 if (!ereg("^[a-zA-Z]{4,15}[0-9]$",$_POST["'login'"]))
    $out="您的账号不合法,匹配规则为字母开头,加 4~15 位数字字母,以字母结束!<br>";
echo("您的账号是:".$_POST['login']);
echo("<br>");

echo("您的姓名是:".$_POST['yourname']);
echo("<br>");

echo("您的密码是:".$_POST['passwd']);
echo("<br>");

echo("您查询的密码问题是:".$_POST['question']);
echo("<br>");

echo("您查询密码答案是:".$_POST['question2']);
echo("<br>");

echo("您的性别是:".$_POST['gender']);
echo("<br>");

echo("您的爱好是:<br>");
foreach($_POST['hobby'] as $hobby)
echo($hobby."<br>");
    if($out)
echo $out;
else {
    echo "您的信息填写完全符合规范!";
   }
?>
```

运行结果如图 2-36 所示。

任务 2　简单留言板设计实现

【任务描述】

制作一个简单的留言板，留言页面为 ly.html，内容包括用户、学号、性别、爱好、学历、留言等信息,当用户留言完成后,单击"提交"按钮,页面信息提交给后台 ly.php 文件处理,并以表格的形式显示留言信息。

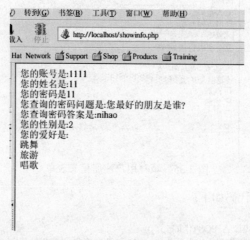

图 2-36 注册完成后页面

【任务分析】

在设计制作留言页面中,用户名使用文本框,性别选择使用单选按钮,4 个复选框用来选择爱好,学历使用下拉列表,留言板部分使用多行文本框,另外包含清除、提交按钮。处理留言的页面 ly.php 通过 PHP 中获取表单对象的方法获取各表单中信息,并以表格的形式显示在页面。

【实施步骤】

设计留言页面如图 2-37 所示。

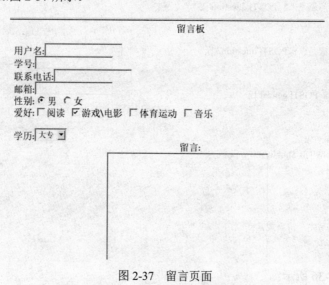

图 2-37 留言页面

留言板页面 ly.html 参考代码如下:

```
<html>
<head>
<title>留言板</title>
</head>
```

```
<body>
<form method="post" action=ex_05_01.php>
<center>留言板</center>
<br>
用户名:<input type="text" name=yh>
<br>
学号:<input type="text" name=mm size=20>
<br>
联系电话:<input type="text" name=phone size=20>
<br>
邮箱:<input type="text" name=email size=20>
<br>
性别:<input type="radio" name=sex checked value="男">男
     <input type="radio" name=sex value="女">女
<br>
爱好:<input type="checkbox" name=hobby[] value="阅读">阅读
     <input type="checkbox" name=hobby[] value="游戏电影">游戏\电影
     <input type="checkbox" name=hobby[] value="体育运动">体育运动
     <input type="checkbox" name=hobby[] value="音乐">音乐
<br>
<input type="hidden" name=h1 value="表单 1">
<br>
学历:<select name=s1>
<option>小学</option>
<option>初中</option>
<option selected>大专</option>
<option>本科</option>
</select>
<br>
<center>留言:<br>
<textarea name=ly rows=16 cols=30 >
</textarea></centr>
<br>
<center><input type="reset" name=b3 value="清除">
<input type="submit" name=tj value="提交"></center>
</form>
</body>
</html>
```

提交留言后显示留言页面如图 2-39 所示,这里采用表格的方式显示留言。ly.php 参考代码如下:

```
<html>
<body>
<table border="1">
<tr><td>留言号</td><td>用户名</td><td>学号</td><td>联系电话</td><td>邮箱</td><td>爱好</td><td>留言</td></tr>
<?
$link=mysql_connect("localhost","root","");
mysql_select_db("lydb",$link);
$result=mysql_query("select * from ly");
while ($row=mysql_fetch_array($result))
{
?>
<tr>
<td><?echo $row[id];?></td>
<td><?echo $row[name];?></td>
<td><?echo $row[number];?></td>
```

```
<td><?echo $row[telephone];?></td>
<td><?echo $row[email];?></td>
<td>
<?
  $hobby=$row[hobby];
  echo $hobby;
?>
</td>
<td><?echo $row[message];?></td>
<?}?>
</tr>
</body>
</html>
```

运行结果如图 2-38 所示。

用户名	张三
学号	121101
联系电话	13876829133
邮箱	567824@qq.com
性别	男
爱好	阅读体育运动
学历	大专
留言	大家好,我是安全1211班级的张三!

图 2-38 留言信息页面

【项目相关知识点】

1. 表单元素

表单元素都是放在<form></form>标签内的，具体表单属性如表 2-7 所示。

表 2-7 表单属性

属性	值	描述
accept	MIME_type	规定通过文件上传来提交的文件的类型
accept-charset	charset	服务器处理表单数据所接受的字符集
enctype	MIME_type	规定表单数据在发送到服务器之前应该如何编码
method	get/post	规定表单数据发送的方式，get 方法和 post 方法
name	name	规定表单的名称
target	_blank/_parent/_self/_top	规定在何处打开 action URL

三个重要的属性说明：

（1）action 指定该表单发送时接受操作的地址。

（2）method 指定表单数据发送的方法。可选值：get、post。get 发送表单内的数据，将附加到 URL 后发送。post 则是在 HTTP 请求中发送。

（3）enctype 指定表单数据在发送的服务器之前如何编码，特别注意的是，当含有上传域时要设置编码方式为 enctype="multipart/form-data"，否则后台无法获取到浏览器发送的文件数据，是设置表单的 MIME 编码。默认情况下，这个编码格式是 application/x-www-form-urlencoded，不能用于文件上传；只有使用了 multipart/form-data，form 里面的 input 的值以二进制的方式传过去，才能完整的传递文件数据。FTP 上传大文件的时候，也有个选项是以二进制方式上传。enctype 的三个选项如表 2-8 所示。

表 2-8　enctype 值

值	描述
application/x-www-form-urlencoded	在发送前编码所有字符（默认）
multipart/form-data	不对字符编码。以二进制的方式发送数据，当表单含有上传域时，必须使用后台才能获取上传的文件
text/plain	空格转换为"+"加号，但不对特殊字符编码

其他常用说明如表 2-9 所示。

表 2-9　表单其他属性说明

属性	值	描述	DTD
accept	mime_type	规定通过文件上传来提交的文件的类型	STF
align	left right top middle bottom	不赞成使用。规定图像输入的对齐方式	TF
alt	text	定义图像输入的替代文本	STF
checked	checked	规定此 input 元素首次加载时应当被选中	STF
disabled	disabled	当 input 元素加载时禁用此元素	STF
maxlength	number	规定输入字段中的字符的最大长度	STF
name	field_name	定义 input 元素的名称	STF
readonly	readonly	规定输入字段为只读	STF
size	number_of_char	定义输入字段的宽度	STF
src	URL	定义以提交按钮形式显示的图像的 URL	STF
type	Button checkbox file hidden image password radio reset submit text	规定 input 元素的类型	STF
value	value	规定 input 元素的值	STF

2. 表单元素定义

（1）文本域。

`<input type="text" name="text" value="" />`

（2）密码域。

密码跟文本框类似，但是在里面输入的内容显示为圆点。

`<input type="password" name="text" value="" />`

（3）单选按钮。

男人:`<input type="radio" name="sex" value="male" />` Male
`<br />`
女人：`<input type="radio" name="sex" value="female" />` Female

（4）复选框。

`<input type="checkbox" name="check1" value="" />`

（5）按钮。

`<input type="button" value="确认" />`

（6）重置按钮。

当点击重置按钮时，重置按钮所在的表单将全部清空，而其他表单不受影响。

`<input type="reset" value="重置" />`

（7）提交按钮。

当点击提交按钮时，浏览器将自动提交表单。

`<input type="submit" value="提交" />`

（8）隐藏域。

隐藏域在浏览器中并不显示，仅仅为保存一些不太重要的资料而存在。

`<input type="hidden" value="我是一个隐藏域" />`

（9）上传域。

`<input type="file" value="" />`

（10）图片按钮。

`<input type="image" src="123.gif" />`

（11）下拉列表。

```
<select>
    <option value="0">0</option>
    <option value="1">1</option>
    <option value="2">2</option>
</select>
```

下拉列表属性如表 2-10 所示。

表 2-10　下拉列表属性

属性	可选值	说明
disabled	disabled	规定禁用该下拉列表
multiple	multiple	规定可选择多个选项
name	name	规定下拉列表的名称
size	number	规定下拉列表中可见选项的数目

（12）label。

label 元素不会向用户呈现任何特殊效果。不过，它为鼠标用户改进了可用性。如果您在 label

元素内点击文本，就会触发此控件。就是说，当用户选择该标签时，浏览器就会自动将焦点转到和标签相关的表单控件上。例如，当将单选按钮放在 label 内，则点击 label 内的文字也会触发单选按钮，而不必只是点中小圆点。

```
<p><label><input type="radio" name="male" />男人</label></p>
<p><label><input type="radio" name="male" />女人</label></p>
```

☐ 男人   ☐ 女人

也可以写成这样：

```
<form>
    <label for="male">Male</label>
    <input type="radio" name="sex" id="male" />
    <br />
    <label for="female">Female</label>
    <input type="radio" name="sex" id="female" />
</form>
```

（13）disabled 与 readonly。

禁用和只读属性。readonly 只针对 input（text/password）和 textarea 有效，而 disabled 对于所有的表单元素都有效，包括 select、radio、checkbox、button 等。但是表单元素在使用了 disabled 后，当我们将表单以 POST 或 GET 的方式提交的话，这个元素的值不会被传递出去，而 readonly 会将该值传递出去。

可以在用户按了提交按钮后，利用 javascript 将提交按钮 disabled 掉，这样可以防止网络条件比较差的环境下，用户反复点提交按钮导致数据冗余地存入数据库。

```
<form id="form1" action="/home/index" method="post">
    禁用文本框:<input type="text" disabled="disabled" />
    只读文本框: <input type="text" readonly="readonly" />
</form>
```

（14）TextArea。

属性如表 2-11 所示。

表 2-11 文本域属性

属性	值	描述	DTD
cols	number	规定文本区内的可见宽度	STF
rows	number	规定文本区内的可见行数	STF

```
<form id="form1" action="/home/index" method="post">
    <textarea cols="10" rows="10">我是一个兵，来自老百姓。</textarea>
</form>
```

（15）fieldset 定义域。

fieldset 用于给表单元素分组，legend 用于设置分组标题。

```
<fieldset>
    <legend>你的信息？</legend>
    身高: <input type="text" value="180" />
    体重: <input type="text" value="200" />
</fieldset>
```

显示效果如下所示：

你的信息?
身高: 180　　体重: 200

3. PHP 参数传递的常用方法

（1）使用客户端浏览器的 cookie。

cookie 很容易理解，就是一个临时文件，可以把它看成一个储藏室，浏览器在浏览的过程中记录一些信息，就暂时存放在这里。在 page01 中设置一个 cookie。

```
<?php
    setcookie('mycookie','自灵');
?>
```

我们定义了一个变量 mycookie，它的值是字符串'自灵'，可以随便给 cookie 变量起名字，可以定义多个 cookie 变量。

在 page02 页面接受 cookie。

```
<?php
    $wuziling = $_COOKIE['mycookie'];
    echo $wuziling;
?>
```

使用$_COOKIE[]提取 cookie 中的变量 mycookie，将它的值赋给$wuziling，然后简单输出。

（2）使用服务器端的 session。

理解 session 是一件很容易的事情。与 cookie 的不同在于它是服务器端的临时储藏室。session 常被称作会话。

在 page01 中设置一个 session。

```
<?php
session_start();
$_SESSION["temp"]=array('123','456','789');
?>
```

要想使用 session，必须启动 session。"session_start();"就是启动 session 的方法，一般要写在最前面。第二个语句我定义了一个$_SESSION["temp"]数组，数组的名称是$_SESSION["temp"]，里面存储了 3 个字符串。

在 page02 页面接受 session。

```
<?php
    session_start();
    for($i=0;$i<3;$i++)
    {
        echo $_SESSION['temp'][$i].'<br />';
    }
?>
```

首先启动会话。启动后我们在 page01 定义的变量已经可以使用了，不需要其他任何获取的操作，这里不同于 cookie。

（3）使用表单来传递。

page01.php 这样写：

```
<form action="page02.php" method="post">
    <input type="text" name="wuziling" />
    <input type="submit" name="submit" value="提交" />
</form>
```

表单内的属性 action 直接指定此表单内容传递到哪个页面。method 指明了传递的方式。post

代表使用消息传递，就像我们发短信一样。

page02.php 这样写：

```php
<?php
    $wu = $_POST['wuziling'];
    echo $wu;
?>
```

使用$_POST[ ]获取传递过来的变量值。这个变量名 wuziling 在表单的 input 标签的 name 属性里定义，然后将其传递给另外一个变量$wu，这样我们就可以输出了。直接输出也是可以的，即 echo $_POST['wuziling'];

（4）使用超链接传递参数。

我们上网的很多操作都是点击超链接在网页之间跳来跳去，点的同时同样可以传递参数。

page01.php 这样写：

```php
<?php
$var = 'I love you !';
?>
<a href="<?php echo "page02.php?new=".$var ?>">get</a>
```

定义一个变量$var。超链接 a 的 href 属性里写明要跳转到 page02 页面。后面加一个问号，一个自己定义的变量 new（此名称在 page02 页面要使用），new 的值就是我们想传递的$var。

page02.php 这样写：

```php
<?php
    echo $_GET['new'];
?>
```

使用$_GET[ ]获取 new 的值，然后就可以输出或做其他用途，这时的浏览器地址栏可以直接看到 new 变量和它的值。

4. PHP 获取表单数据方法

（1）GET 方式。

功能：获取 get 方式提交的数据。

格式：$_GET["formelement"]

（2）POST 方式。

功能：获取 post 方式提交的数据。

格式：$_POST["formelement"]

（3）REQUEST 方式。

功能：获取任意方式提交的数据。

格式：$_REQUEST["formelement"]

复选框、列表框名称采用数组形式如"select[]"，在获取其值的时候直接使用$_POST["select"]。

【项目总结】

本项目主要学习 PHP 中的基础、常用编程技术，包括：PHP 常量变量定义、PHP 流程控制语句、PHP 字符串处理、正则表达式、数组输入与访问、PHP 文件上传、PHP 访问 Web 页面，这些编程技术和相关知识是 PHP 用来开发动态网站、小型系统实用技术，也是使用率最高的 PHP 知识。

【拓展任务】

设计如图 2-39 所示的表单，表单中综合运用了各表单对象。

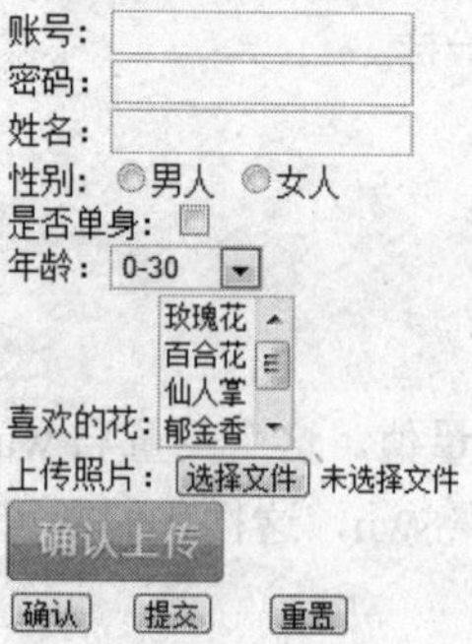

图 2-39 用户信息表单

参考代码如下：

```html
<form id="form1" action="/home/index" method="post">
            <input type="hidden" value="隐藏信息" />
账号：<input type="text" maxlength="8" /><br/>
密码：<input type="password" /><br/>
姓名：<input type="text" name="Name" /><br/>
性别：   <input type="radio" name="male" />男人
         <input type="radio" name="male" />女人<br/>
是否单身：<input type="checkbox" name="single" /> <br/>
年龄：<select name="age">
            <option value="0">0-30</option>
            <option value="1">31-60</option>
            <option value="2">60-100</option>
        </select><br/>
喜欢的花：<select multiple="multiple" name="flower">
            <option value="0">玫瑰花</option>
            <option value="1">百合花</option>
            <option value="2">仙人掌</option>
            <option value="3">郁金香</option>
            <option value="4">万寿菊</option>
        </select> <br/>
上传照片：<input type="file" /> <br/>
<input type="image" src="brt_btn.png" /> <br/>
<input type="button" value="确认" />  <input type="submit" value="提交" />   
            <input type="reset" value="重置" /><br/>
</form>
```

3 MySQL 编程技术

【任务引导】

MySQL 数据库是众多的关系型数据库产品中的一个，相比较其他系统而言，MySQL 数据库可以称得上是目前运行速度最快的 SQL 语言数据库，而且 MySQL 数据库是一种完全免费的产品，用户可以直接从网上下载数据库，用于个人或商业用途，而不必支付任何费用。

总体来说，MySQL 数据库具有以下主要特点：

1. 同时访问数据库的用户数量不受限制；
2. 可以保存超过 50,000,000 条记录；
3. 是目前市场上现有产品中运行速度最快的数据库系统；
4. 用户权限设置简单、有效。

通过实例、案例的操作、演示、讲解，熟练掌握 MySQL 数据库中创建库、创建表、数据的增、删、改、查的相关命令和操作。

【知识目标】

1. 了解 MySQL 数据库及特点；
2. 知道操作 MySQL 数据库相关命令；
3. 知道创建数据库及数据表 SQL 语句；
4. 知道增加、删除、修改 SQL 语句；
5. 了解在 PHP 中执行 MySQL 语句的一般过程；
6. 知道 PHP 连接、关闭数据库函数语法格式；
7. 知道 PHP 获取、显示数据函数语法格式。

【能力目标】

1. 会查询数据库及数据表；
2. 会创建 MySQL 用户、设置用户权限；
3. 会创建数据库、数据表；
4. 会增加、修改、删除、查询数据；
5. 会使用 PHP 中操作 MySQL 数据库相关函数对数据库进行操作。

3.1 MySQL 数据库操作命令

任务 1　启动测试 MySQL 数据库

【任务描述】

默认情况下，MySQL 数据库在命令提示符下进行操作，因此在使用数据库前先会启动、停止、重启、检查版本、显示数据库、显示数据表、查询数据等基本操作。

【任务分析】

任务要求对 MySQL 进行启动和测试，需要掌握相关命令，通过操作理解命令的使用方法和命令格式。

【实施步骤】

（1）启动 MySQL 数据库。

#/etc/rc.d/init.d/mysqld start

或者

#service mysqld start

操作结果如图 3-1 所示。

```
[root@localhost root]# service mysqld start
启动 MySQL:                                              [  确定  ]
[root@localhost root]# /etc/rc.d/init.d/mysqld start
启动 MySQL:                                              [  确定  ]
```

图 3-1　启动 MySQL 数据库

停止和重启服务器命令为：

#service mysqld start
#service mysqld start

（2）检查版本。

#mysqladmin -u　root　-p version

屏幕上提示输入密码，因为 root 密码为空，所以直接回车。如果看到如图 3-2 所示的信息，表示服务器正确安装了。

```
[root@localhost root]# mysqladmin -u root -p version
Enter password:
mysqladmin  Ver 8.23 Distrib 3.23.54, for redhat-linux-gnu on i386
Copyright (C) 2000 MySQL AB & MySQL Finland AB & TCX DataKonsult AB
This software comes with ABSOLUTELY NO WARRANTY. This is free softwar
e,
and you are welcome to modify and redistribute it under the GPL licen
se

Server version          3.23.54
Protocol version        10
Connection              Localhost via UNIX socket
UNIX socket             /var/lib/mysql/mysql.sock
Uptime:                 6 hours 7 min 31 sec

Threads: 1  Questions: 12  Slow queries: 0  Opens: 7  Flush tables: 1
 Open tables: 1 Queries per second avg: 0.001
[root@localhost root]#
```

图 3-2　检查 MySQL 版本

（3）显示 MySQL 数据库中所有的数据库。

#mysqlshow

操作结果如图 3-3 所示。

（4）显示 MySQL 数据库中所有的数据表。

```
#mysqlshow mysql
```

操作结果如图 3-4 所示。

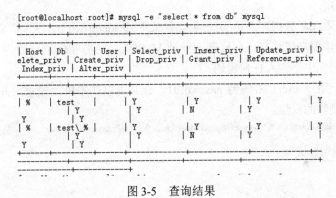

```
[root@localhost root]# mysqlshow
+-----------+
| Databases |
+-----------+
| abccs     |
| class     |
| classtest |
| example   |
| lydb      |
| lydb1     |
| mysql     |
| sp        |
| student   |
| test      |
+-----------+
```

图 3-3　显示数据库

```
[root@localhost root]# mysqlshow mysql
Database: mysql
+--------------+
|    Tables    |
+--------------+
| columns_priv |
| db           |
| func         |
| host         |
| tables_priv  |
| user         |
+--------------+
```

图 3-4　显示对应数据表

（5）查询 MySQL 数据库中表 db 的内容。

```
#mysql -e "select * from db" mysql
```

操作结果如图 3-5 所示。

```
[root@localhost root]# mysql -e "select * from db" mysql
+------+---------+------+-------------+-------------+-------------+--
-----------+-------------+-----------+-----------+-----------------+
-----------+------------+
| Host | Db      | User | Select_priv | Insert_priv | Update_priv | D
elete_priv | Create_priv | Drop_priv | Grant_priv | References_priv |
 Index_priv | Alter_priv |
+------+---------+------+-------------+-------------+-------------+--
-----------+-------------+-----------+-----------+-----------------+
-----------+------------+
| %    | test    |      | Y           | Y           | Y           | Y
           | Y           | Y         | N          | Y               |
Y          | Y          |
| %    | test\_% |      | Y           | Y           | Y           | Y
           | Y           | Y         | N          | Y               |
Y          | Y          |
+------+---------+------+-------------+-------------+-------------+--
-----------+-------------+-----------+-----------+-----------------+
-----------+------------+
```

图 3-5　查询结果

（6）关闭服务器。

```
#mysqladmin -u root shutdown
```

任务 2　MySQL 数据库管理

【任务描述】

MySQL 数据库管理主要包括连接、断开数据库，给数据库设置用户及密码，并设置新用户相应权限。

【任务分析】

对于 MySQL 数据库管理操作，必须使用对应的命令完成。利用 MySQL 创建数据库、数据表都必须先连接数据库服务器，使用完毕后需要断开连接。同时 root 用户权限很大，为了安全性和可操作性，一般都需要给使用者创建新用户并设置相应的权限和密码，因为本任务操作是 MySQL 数据库的基本操作。

【实施步骤】

（1）MySQL 数据库的连接命令如下：

```
mysql -h hostname -u username -p[passWord]
```

或者：

```
mysql -h hostname -u username --password=password
```

其中，hostname 为装有 MySQL 数据库的服务器名称，username 和 password 分别是用户的登录名称和口令。如果 MySQL 数据库安装和配置正确的话，用户在输入上述命令之后会得到如下系统反馈信息：

```
Welcome to the MySQL monitor. Commands end with ; or \g.
Your MySQL connection id is 49 to server version: 3.21.23-beta-log Type 'help' for help.
mysql>
```

（2）退出 MySQL 服务器。

```
quit
```

或者

```
exit
```

（3）密码管理。

```
#mysqladmin -u 用户名 password 新密码
#mysqladmin -u 用户名 -p 旧密码 password 新密码
```

实践：请给用户 root 设置密码 123456。

```
#mysqladmin -u root password 123456
```

（4）增加新用户。

格式：grant 权限 on 数据库.* to 用户名@登录主机 identified by "密码"（连接数据库后使用该命令）。如果希望该用户能够在任何机器上登录 MySQL，则将 localhost 改为 "%"。如果不想设置密码，那么 "密码" 中不输入任何密码。

实践：增加一个用户 user1 密码为 password1，让其可以在本机上登录，并对所有数据库有查询、插入、修改、删除的权限。

```
grant select,insert,update,delete on *.* to user1@localhost Identified by "password1";
```

任务 3　数据库导出与导入

【任务描述】

要求按需求将 MySQL 创建好的数据库导出或导入到 MySQL 中。

【任务分析】

当完成对数据库的操作时，经常需要备份数据库，这是需要导出数据库。当需要使用备份数据库或者换数据库服务器时需要导入数据库，本任务完成在命令提示符下导出、导入数据库。

【实施步骤】

（1）数据库导出。

导出数据库输入如下的命令：mysqldump -u root -p 数据库名 > 输出文件名（默认输出位置是当前目录下），这样就会在当前的目录下面生成.sql 文件，操作结果如图 3-6 所示。

```
[root@localhost root]# mysqldump -u root -p class >class.sql
Enter password:
[root@localhost root]# ls
class.sql  hello  hello world  lydb.sql  passwd.txt  sx  test  test.sh  trash  user.txt  world
[root@localhost root]#
```

图 3-6　导出数据库

（2）数据库导入。

启动 MySQL 后，找到需要用到的脚本文件，也就是数据库文件，如图 3-7 所示。

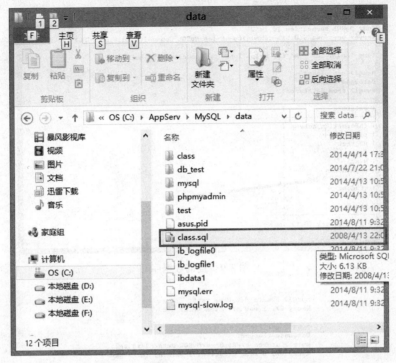

图 3-7 数据库文件

先进入 MySQL，如图 3-8 所示，然后查看 MySQL 中有哪些数据库，如图 3-9 所示。

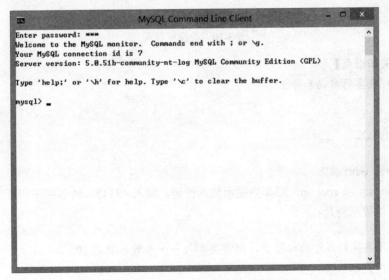

图 3-8 进入 MySQL 数据库

然后就可以输入导入.sql 文件命令：
mysql>create database test;
mysql>use test1;
mysql>source c:/AppServ/MySQL/data/class.sql;（这里 c:/AppServ/MySQL/data/class.sql 是数据库文件的存放位置）

如图 3-10 所示，说明 MySQL 数据库已经导入成功。

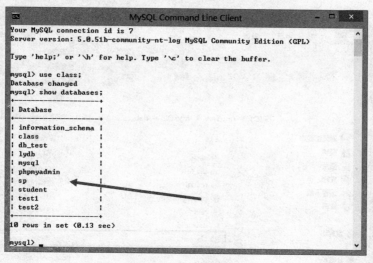

```
MySQL Command Line Client
Your MySQL connection id is 7
Server version: 5.0.51b-community-nt-log MySQL Community Edition (GPL)

Type 'help;' or '\h' for help. Type '\c' to clear the buffer.

mysql> use class;
Database changed
mysql> show databases;
+--------------------+
| Database           |
+--------------------+
| information_schema |
| class              |
| db_test            |
| lydb               |
| mysql              |
| phpmyadmin         |
| sp                 |
| student            |
| test1              |
| test2              |
+--------------------+
10 rows in set (0.13 sec)

mysql>
```

图 3-9　查询数据库

```
mysql> create database test;
Query OK, 1 row affected (0.07 sec)

mysql> use test;
Database changed
mysql> source c:/AppServ/MySQL/data/class.sql;
Query OK, 0 rows affected, 1 warning (0.17 sec)

Query OK, 0 rows affected, 1 warning (0.03 sec)

Query OK, 0 rows affected, 1 warning (0.05 sec)

Query OK, 0 rows affected, 1 warning (0.04 sec)

Query OK, 0 rows affected, 1 warning (0.05 sec)
```

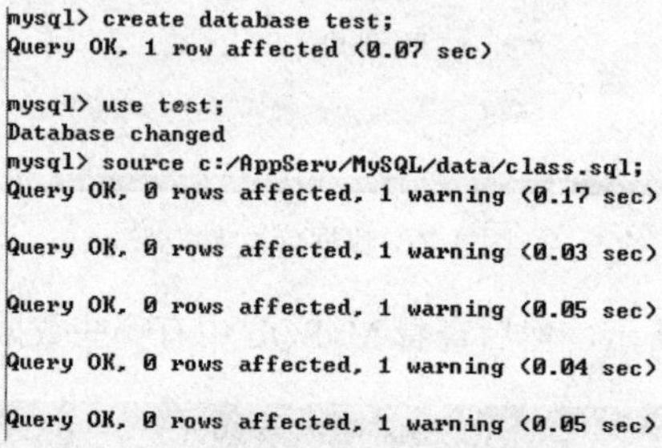

图 3-10　数据库导入

【项目相关知识点】

1. MySQL 服务的启动和停止

```
net stop mysql
net start mysql
```

2. 登录 MySQL

语法如下：

```
mysql -u 用户名 -p 用户密码
```

键入命令 mysql -u root -p，回车后提示输入密码，输入 12345，然后回车即可进入到 MySQL 中了，MySQL 的提示符是：

```
mysql>
```

注意：如果是连接到另外的机器上，则需要加入一个参数-h 机器 IP。

3. 增加新用户

格式：grant 权限 on 数据库.* to 用户名@登录主机 identified by "密码"

如果希望该用户能够在任何机器上登录 MySQL，则将 localhost 改为"%"。如果你不想 user1 有密码，可以再打一个命令将密码去掉。

```
grant select,insert,update,delete on mydb.* to user1@localhost identified by ""
```

4. 操作数据库

登录到 MySQL 中，然后在 MySQL 的提示符下运行下列命令，每个命令以分号结束。

（1）显示数据库列表。
show databases;

默认有两个数据库：mysql 和 test。mysql 库存放着 mysql 的系统和用户权限信息，我们改密码和新增用户，实际上就是对这个库进行操作。

（2）显示库中的数据表。
use mysql;
show tables;

（3）显示数据表的结构。
describe 表名;

（4）建库与删库。
create database 库名;
drop database 库名;

（5）建表。
use 库名;
create table 表名(字段列表);
drop table 表名;

（6）清空表中记录。
delete from 表名;

（7）显示表中的记录。
select * from 表名;

5. 导出和导入数据

（1）导出数据。

mysqldump --opt test > mysql.test

即将数据库 test 数据库导出到 mysql.test 文件，后者是一个文本文件，如：mysqldump -u root -p123456 --databases dbname > mysql.dbname 就是把数据库 dbname 导出到文件 mysql.dbname 中。

（2）导入数据。

mysqlimport -u root -p123456 < mysql.dbname

（3）将文本数据导入数据库。

文本数据的字段数据之间用 Tab 键隔开。
use test;
load data local infile "文件名" into table 表名;

3.2 MySQL 数据库操作

任务 1 创建 MySQL 数据库及数据表

【任务描述】

（1）创建数据库 mydatabase；

（2）创建一个用来存放公司员工生日的表 mytable，其中包含员工姓名、性别、出生日期、出生城市字段；

（3）用文本方式将数据装入数据表 mytable。

【任务分析】

如果用 SQL 语句一条一条地插入记录，记录数量很多的时候效率很低，但是使用文本文件将所有数据一次性写入数据库就可以大大节省时间，提高效率。因此本任务的主要难点在于如何实现文本方式将数据装入一个数据表。

【实施步骤】

（1）使用 SHOW 语句找出在服务器上当前存在什么数据库：

```
mysql> SHOW DATABASES;
+----------+
| Database |
+----------+
| mysql | | test |
+----------+
3 rows in set (0.00 sec)
```

（2）创建一个数据库 mydatabase。

```
mysql> CREATE DATABASE mydatabase;
```

（3）选择你所创建的数据库。

```
mysql> USE mydatabase
Database changed
```

（4）创建一个数据库表。

首先查询数据库中存在什么表：

```
mysql> SHOW TABLES;
Empty set (0.00 sec)
```

说明刚才建立的数据库中还没有数据库表。下面来创建一个数据库表 mytable，表的内容包含员工姓名、性别、出生日期、出生城市。

```
mysql> CREATE TABLE mytable (name VARCHAR(20), sex CHAR(1),
    -> birth DATE, birthaddr VARCHAR(20));
Query OK, 0 rows affected (0.00 sec)
```

由于 name、birthaddr 的列值是变化的，因此选择 VARCHAR，其长度不一定是 20。可以选择从 1 到 255 的任何长度，如果以后需要改变它的字长，可以使用 ALTER TABLE 语句；性别只需一个字符就可以表示："m"或"f"，因此选用 CHAR(1)；birth 列则使用 DATE 数据类型。创建了一个表后，我们可以看看刚才做的结果，用 SHOW TABLES 显示数据库中有哪些表：

```
mysql> SHOW TABLES;
+---------------------+
| Tables in menagerie |
+---------------------+
| mytable |
+---------------------+
```

（5）显示表的结构。

```
mysql> DESCRIBE mytable;
+-----------+-------------+------+-----+---------+-------+
| Field | Type | Null | Key | Default | Extra |
+-----------+-------------+------+-----+---------+-------+
| name | varchar(20) | YES | | NULL | |
| sex | char(1) | YES | | NULL | |
| birth | date | YES | | NULL | |
| dirthaddr | varchar(20) | YES | | NULL | |
+-----------+-------------+------+-----+---------+-------+
4 rows in set (0.00 sec)
```

(6)往表中加入记录。

先用 SELECT 命令来查看表中的数据：

mysql> select * from mytable;
Empty set (0.00 sec)

这说明刚才创建的表还没有记录。加入一条新记录：

mysql> insert into mytable
-> values ('abccs','f','1977-07-07','china');
Query OK, 1 row affected (0.05 sec)

(7)用文本方式将数据装入一个数据库表。

如果一条一条地输入，效率比较低，可以用文本文件的方式将所有记录加入数据库表中。创建一个文本文件 mytest.txt，每行包含一个记录，用定位符（tab）把值分开，并且以在 CREATE TABLE 语句中列出的列次序给出，例如：

jerry f 1980-07-07 china
mary f 1978-12-12 usa
tom m 1970-09-02 usa

(8)使用下面命令将文本文件 mytest.txt 装载到 mytable 表中：

mysql> LOAD DATA LOCAL INFILE "/root/mytest.txt" INTO TABLE mytable;   (新知识点操作)

再使用如下命令看看是否已将数据输入到数据库表中：

mysql> select * from mytable;

任务 2　创建 sp 数据库及数据表

【任务描述】

（1）创建一个存放商品信息的数据库 sp；

（2）在 sp 数据库创建一个 sp_stocks 表。表中包含商品号、商品名、单价、库存量、单位、供应商、入仓时间和到期时间 8 个字段，规定商品号为主关键字段；

（3）在表中输入 4 条数据，内容可以自己设置。

【任务分析】

本任务要求会创建数据库和数据表，并能输入数据，需要运用相关 MySQL 数据库操作命令以及 SQL 语言。

【实施步骤】

（1）进入 MySQL 数据库，创建数据库 sp，如图 3-11 所示。

```
mysql> create database sp;
Query OK, 1 row affected (0.00 sec)

mysql> use sp;
Database changed
mysql>
```

图 3-11　创建 sp 数据库

（2）创建数据表 sp_stocks，如图 3-12 所示。

（3）在表 sp_stocks 中插入一条记录，结果如图 3-13 所示，用同样的方法插入其他记录，插入后查询结果如图 3-14 所示。

```
mysql> create table sp_stocks(
    -> ID varchar(10) not null default '',
    -> pricename varchar(20) not null default '',
    -> stocks int(5) not null default '0',
    -> unit char(2) default null,
    -> supplier varchar(50) default null,
    -> in_time date not null default '0000-00-00',
    -> deadtime date not null default '0000-00-00',
    -> primary key (ID));
Query OK, 0 rows affected (0.02 sec)
```

图 3-12 创建表 sp_stocks

```
mysql> insert into sp_stocks(ID,pricename,stocks,unit,supplier,in_time,deadtime
) values('A00005','酸奶1','70','盒','双线乳业','2014-09-29','2014-10-20');
Query OK, 1 row affected (0.00 sec)
```

图 3-13 插入记录

```
mysql> select * from sp_stocks;
+--------+-----------+--------+------+----------------+------------+------------+
| ID     | pricename | stocks | unit | supplier       | in_time    | deadtime   |
+--------+-----------+--------+------+----------------+------------+------------+
| A00001 | 酸奶      | 100    | 箱   | 光明乳业有限公司 | 2014-09-01 | 2014-12-30 |
| A0002  | 牛奶      | 500    | 箱   | 伊利有限公司    | 2014-08-01 | 2014-12-30 |
| A0003  | 苹果      | 600    | 箱   | 山东红富士      | 2014-09-01 | 2014-10-30 |
| A0004  | 乐扣杯    | 50     | 个   | 韩国乐扣        | 2014-09-24 | 2017-09-24 |
| B0001  | 蒙牛酸奶  | 500    | 箱   | 蒙牛有限公司    | 2014-08-01 | 2014-12-30 |
| B0002  | 牛奶      | 500    | 箱   | 伊利有限公司    | 2014-08-01 | 2014-12-30 |
| B0003  | 香蕉      | 600    | 箱   | 山东红富士      | 2014-09-01 | 2014-10-30 |
| B0004  | 乐扣杯    | 50     | 个   | 韩国乐扣        | 2014-09-24 | 2017-09-24 |
| A00005 | 酸奶1     | 70     | 盒   | 双线乳业        | 2014-09-29 | 2014-10-20 |
+--------+-----------+--------+------+----------------+------------+------------+
9 rows in set (0.00 sec)
```

图 3-14 查询记录

任务 3 创建 student 数据库及数据表

【任务描述】

（1）创建数据库 student；

（2）在数据库中创建表 student，表中包括如下字段：id，学号、姓名、性别、住址、电话、邮箱，其中 id 为主键，自动增加型数据，学号、姓名为非空字段，学号必须唯一不能重复，性别默认值为 male；

（3）创建完表后查询表的结构；

（4）输入班级最少 6 位同学的信息到数据表 student 中，注意按要求插入记录；

（5）查询表中记录并显示；

（6）删除 id=5 的记录。

【任务分析】

完成任务首先创建数据库 student，然后在数据库中创建表 student，使用 describe 命令查看表结构，使用 insert into 语句插入记录，使用 select 语句查询记录，最后使用 delete 语句删除指定记录。

【实施步骤】

（1）创建数据库 student，如图 3-15 所示。

```
mysql> create database student;
Query OK, 1 row affected (0.01 sec)

mysql> use student;
Database changed
```

图 3-15　创建数据库 student

（2）在数据库中创建表 student，表中包括如下字段：id，学号、姓名、性别、住址、电话、邮箱，其中 id 为主键，自动增加型数据，学号、姓名为非空字段，学号必须唯一不能重复，性别默认值为 male，如图 3-16 所示。

```
mysql> create table student(id int primary key auto_increment,number int not nu
ll unique key,name varchar(10) not null,sex varchar(10) default 'male',address
varchar(50),tel varchar(20),mail varchar(50));
Query OK, 0 rows affected (0.00 sec)
```

图 3-16　创建表 student

（3）创建完表后查询表的结构，如图 3-17 所示。

```
mysql> describe student;
+--------+-------------+------+-----+---------+----------------+
| Field  | Type        | Null | Key | Default | Extra          |
+--------+-------------+------+-----+---------+----------------+
| id     | int(11)     |      | PRI | NULL    | auto_increment |
| number | int(11)     |      | UNI | 0       |                |
| name   | varchar(10) |      |     |         |                |
| sex    | varchar(10) | YES  |     | male    |                |
| address| varchar(50) | YES  |     | NULL    |                |
| tel    | varchar(20) | YES  |     | NULL    |                |
| mail   | varchar(50) | YES  |     | NULL    |                |
+--------+-------------+------+-----+---------+----------------+
7 rows in set (0.00 sec)
```

图 3-17　查询表 student 结构

（4）输入班级最少 6 位同学的信息到数据表 student 中，这里采用前面讲过的批量插入数据的方法，先建立文本文件 test.txt，将班级中同学信息先按格式要求写入文件中，再利用装载文件的方式导入到表中。

```
mysql>load data local infile "/root/test.txt" into table student;
Query OK, 6 rows affected(0.00 sec)
Records: 6  Deleted:0  Skipped:0  Wirnings:11
```

（5）查询表中记录并显示，如图 3-18 所示。

```
mysql> select * from student;
+----+--------+--------+--------+-----------+-------------+--------------------+
| id | number | name   | sex    | address   | tel         | mail               |
+----+--------+--------+--------+-----------+-------------+--------------------+
| 1  | 1      | 潘齐岳 | male   | 江苏省太仓市 | 13856782345 | 2343280850@qq.com  |
| 2  | 2      | 徐宁   | female | 江苏省太仓市 | 18023847923 | 89358971@qq.com    |
| 3  | 3      | 陈燕   | female | 江苏省太仓市 | 13890873628 | 234234802384@qq.com|
+----+--------+--------+--------+-----------+-------------+--------------------+
3 rows in set (0.01 sec)
```

图 3-18　查询记录

(6) 删除 id=3 的记录，如图 3-19 所示。

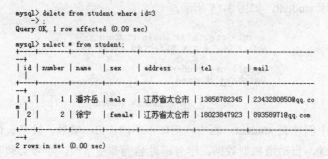

图 3-19 删除指定记录

任务 4　创建 sp 数据库及其操作

【任务描述】

（1）创建一个 sp 数据库；

（2）在 sp 数据库创建两个表，分别是 sp_stocks 和 sp_stocks1，两表中包含 ID、商品名、单价、库存量、单位、供应商、入仓时间和到期时间 8 个字段，规定商品 ID 为主关键字段；

（3）在每个表中输入 4 条数据，注意主键不能重复；

（4）删除 ID 为 A0001 的记录；

（5）在表 sp_stocks 中筛选 name 为"乐扣杯"的记录；

（6）把表 sp_stocks 合并到 sp_stocks1 中；

（7）把 sp_stocks 表 pricename 字段的内容列出。

【任务分析】

本任务包含如下操作：创建数据库、创建数据表、插入记录、删除记录、记录筛选、表合并、查询指定内容，任务是对 MySQL 数据库的综合操作训练。

【实施步骤】

（1）进入 MySQL 数据库，创建数据库 sp，如图 3-11 所示。

（2）创建数据表 sp_stocks，如图 3-12 所示。

（3）查询表 sp_stocks 的结构，如图 3-20 所示。

图 3-20 查询表 sp_stocks 记录

（4）创建并查询表 sp_stocks1 的结构，如图 3-21、图 3-22 所示。

（5）给表 sp_stocks1 插入记录，查询表 sp_stocks、sp_stocks1 结果如图 3-23、图 3-24 所示。

（6）合并两张表，结果如图 3-25 所示。

```
mysql> create table sp_stocks1(ID varchar(10) not null default '',pricename var
char(20) not null default '',stocks int(5) not null default '0',unit char(2) de
fault null,supplier varchar(50) default null,in_time date not null default '000
0-00-00',deadtime date not null default '0000-00-00',primary key(ID));
Query OK, 0 rows affected (0.00 sec)
```

图 3-21 创建表 sp_stocks1

```
mysql> describe sp_stocks1;
+-----------+-------------+------+-----+------------+-------+
| Field     | Type        | Null | Key | Default    | Extra |
+-----------+-------------+------+-----+------------+-------+
| ID        | varchar(10) |      | PRI |            |       |
| pricename | varchar(20) |      |     |            |       |
| stocks    | int(5)      |      |     | 0          |       |
| unit      | char(2)     | YES  |     | NULL       |       |
| supplier  | varchar(50) | YES  |     | NULL       |       |
| in_time   | date        |      |     | 0000-00-00 |       |
| deadtime  | date        |      |     | 0000-00-00 |       |
+-----------+-------------+------+-----+------------+-------+
7 rows in set (0.00 sec)
```

图 3-22 查询表 sp_stocks1

```
mysql> select * from sp_stocks;
+--------+-----------+--------+------+------------------+------------+------------+
| ID     | pricename | stocks | unit | supplier         | in_time    | deadtime   |
+--------+-----------+--------+------+------------------+------------+------------+
| A00001 | 酸奶      |    100 | 箱   | 光明乳业有限公司 | 2014-09-01 | 2014-12-30 |
| A00002 | 牛奶      |    500 | 箱   | 伊利有限公司     | 2014-08-01 | 2014-12-30 |
| A00003 | 苹果      |    600 | 箱   | 山东红富士       | 2014-09-01 | 2014-10-30 |
| A00004 | 乐扣杯    |     50 | 个   | 韩国乐扣         | 2014-09-24 | 2017-09-24 |
+--------+-----------+--------+------+------------------+------------+------------+
4 rows in set (0.01 sec)
```

图 3-23 查询表 sp_stocks 记录

```
mysql> select * from sp_stocks1;
+-------+-----------+--------+------+--------------+------------+------------+
| ID    | pricename | stocks | unit | supplier     | in_time    | deadtime   |
+-------+-----------+--------+------+--------------+------------+------------+
| B0001 | 蒙牛酸奶  |    500 | 箱   | 蒙牛有限公司 | 2014-08-01 | 2014-12-30 |
| B0002 | 牛奶      |    500 | 箱   | 伊利有限公司 | 2014-08-01 | 2014-12-30 |
| B0003 | 香蕉      |    600 | 箱   | 山东红富士   | 2014-09-01 | 2014-10-30 |
| B0004 | 乐扣杯    |     50 | 个   | 韩国乐扣     | 2014-09-24 | 2017-09-24 |
+-------+-----------+--------+------+--------------+------------+------------+
4 rows in set (0.00 sec)
```

图 3-24 查询表 sp_stocks1 记录

```
mysql> insert into sp_stocks select * from sp_stocks1;
Query OK, 4 rows affected (0.04 sec)
Records: 4  Duplicates: 0  Warnings: 0

mysql> select * from sp_stocks;
+--------+-----------+--------+------+------------------+------------+------------+
| ID     | pricename | stocks | unit | supplier         | in_time    | deadtime   |
+--------+-----------+--------+------+------------------+------------+------------+
| A00001 | 酸奶      |    100 | 箱   | 光明乳业有限公司 | 2014-09-01 | 2014-12-30 |
| A00002 | 牛奶      |    500 | 箱   | 伊利有限公司     | 2014-08-01 | 2014-12-30 |
| A00003 | 苹果      |    600 | 箱   | 山东红富士       | 2014-09-01 | 2014-10-30 |
| A00004 | 乐扣杯    |     50 | 个   | 韩国乐扣         | 2014-09-24 | 2017-09-24 |
| B0001  | 蒙牛酸奶  |    500 | 箱   | 蒙牛有限公司     | 2014-08-01 | 2014-12-30 |
| B0002  | 牛奶      |    500 | 箱   | 伊利有限公司     | 2014-08-01 | 2014-12-30 |
| B0003  | 香蕉      |    600 | 箱   | 山东红富士       | 2014-09-01 | 2014-10-30 |
| B0004  | 乐扣杯    |     50 | 个   | 韩国乐扣         | 2014-09-24 | 2017-09-24 |
+--------+-----------+--------+------+------------------+------------+------------+
8 rows in set (0.00 sec)
```

图 3-25 合并两表后记录

（7）把 sp_stocks 表 pricename 字段的内容列出，如图 3-26 所示。

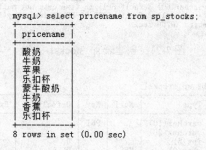

图 3-26　查询 pricename 字段内容

【项目相关知识点】

1. 简单查询

简单的 Transact-SQL 查询只包括选择列表、FROM 子句和 WHERE 子句。它们分别说明所查询列、查询的表或视图以及搜索条件等。

例如，下面的语句查询 testtable 表中姓名为"张三"的 nickname 字段和 email 字段。

```
SELECT   nickname,email
FROM     testtable
WHERE    name='张三'
```

（1）选择列表。

选择列表（select_list）指出所查询列，它可以是一组列名列表、星号、表达式、变量（包括局部变量和全局变量）等构成。

1）选择所有列。

例如，下面语句显示 testtable 表中所有列的数据：

```
SELECT   *
FROM     testtable
```

2）选择部分列并指定它们的显示次序。

查询结果集合中数据的排列顺序与选择列表中所指定的列名排列顺序相同。

例如：

```
SELECT   nickname,email
 FROM    testtable
```

3）更改列标题。

在选择列表中，可重新指定列标题。定义格式为：

列标题=列名
列名　列标题

如果指定的列标题不是标准的标识符格式时，应使用引号定界符，例如，下列语句使用汉字显示列标题：

```
　SELECT    昵称=nickname,电子邮件=email
　FROM      testtable
```

4）删除重复行。

SELECT 语句中使用 ALL 或 DISTINCT 选项来显示表中符合条件的所有行或删除其中重复的数据行，默认为 ALL。使用 DISTINCT 选项时，对于所有重复的数据行在 SELECT 返回的结果集合中只保留一行。

5）限制返回的行数。

使用 TOP n [PERCENT]选项限制返回的数据行数，TOP n 说明返回 n 行，而 TOP n PERCENT 时，说明 n 是表示一百分数，指定返回的行数等于总行数的百分之几。

例如：
```
SELECT   TOP   2   *
FROM    testtable
SELECT   TOP   20   PERCENT   *
FROM    testtable
```

（2）FROM 子句。

FROM 子句指定 SELECT 语句查询及与查询相关的表或视图。在 FROM 子句中最多可指定 256 个表或视图，它们之间用逗号分隔。

在 FROM 子句同时指定多个表或视图时，如果选择列表中存在同名列，这时应使用对象名限定这些列所属的表或视图。例如在 usertable 和 citytable 表中同时存在 cityid 列，在查询两个表中的 cityid 时应使用下面语句格式加以限定：

```
SELECT   username,citytable.cityid
FROM    usertable,citytable
WHERE   usertable.cityid=citytable.cityid
```

在 FROM 子句中可用以下两种格式为表或视图指定别名：

```
表名    as    别名
表名    别名
SELECT   username,b.cityid
FROM    usertable   a,citytable   b
WHERE   a.cityid=b.cityid
```

SELECT 不仅能从表或视图中检索数据，它还能够从其他查询语句所返回的结果集合中查询数据。

例如：
```
SELECT   a.au_fname+a.au_lname
FROM    authors   a,titleauthor   ta
(SELECT   title_id,title
FROM    titles
WHERE   ytd_sales >10000
)   AS   t
WHERE   a.au_id=ta.au_id
AND    ta.title_id=t.title_id
```

此例中，将 SELECT 返回的结果集合给予一别名 t，然后再从中检索数据。

（3）使用 WHERE 子句设置查询条件。

WHERE 子句设置查询条件，过滤掉不需要的数据行。例如，下面语句查询年龄大于 20 的数据：

```
SELECT   *
FROM    usertable
WHERE   age >20
```

WHERE 子句可包括各种条件运算符：

1）比较运算符（大小比较）：>、>=、=、<、<=、<>、!>、!<

2）范围运算符（表达式值是否在指定的范围）：BETWEEN...AND...

NOT   BETWEEN...AND...

例：age BETWEEN 10 AND 30 相当于 age >=10 AND age <=30

3）列表运算符（判断表达式是否为列表中的指定项）：IN   （项1,项2......）

NOT   IN   （项1,项2......）

例：country IN ('Germany','China')

4）模式匹配符（判断值是否与指定的字符通配格式相符）：LIKE、NOT LIKE

例：常用于模糊查找，它判断列值是否与指定的字符串格式相匹配。可用于 char、varchar、text、ntext、datetime 和 smalldatetime 等类型查询。

5）空值判断符（判断表达式是否为空）：IS NULL、NOT IS NULL

例：WHERE age IS NULL

6）逻辑运算符（用于多条件的逻辑连接）：NOT、AND、OR（按优先级先后排序）。

可使用以下通配字符：
- 百分号%：可匹配任意类型和长度的字符，如果是中文，请使用两个百分号，即%%。
- 下划线_：匹配单个任意字符，它常用来限制表达式的字符长度。
- 方括号[]：指定一个字符、字符串或范围，要求所匹配对象为它们中的任一个。[^]：其取值也[]相同，但它要求所匹配对象为指定字符以外的任一个字符。

例如：

限制以 Publishing 结尾，使用 LIKE '%Publishing '

限制以 A 开头：LIKE '[A]% '

限制以 A 开头外：LIKE '[^A]% '

（4）查询结果排序。

使用 ORDER BY 子句对查询返回的结果按一列或多列排序。ORDER BY 子句的语法格式为：

ORDER BY {column_name [ASC &brvbarDESC]} [,...n]

其中，ASC 表示升序，为默认值，DESC 为降序。ORDER BY 不能按 ntext、text 和 image 数据类型进行排序。

例如：

```
SELECT     *
FROM    usertable
ORDER BY age desc,userid ASC
```

另外，可以根据表达式进行排序。

2．联合查询

UNION 运算符可以将两个或两个以上 SELECT 语句的查询结果集合合并成一个结果集合显示，即执行联合查询。UNION 的语法格式为：

```
select_statement
UNION    [ALL]    selectstatement
[UNION    [ALL]    selectstatement][...n]
```

其中，selectstatement 为待联合的 SELECT 查询语句。

ALL 选项表示将所有行合并到结果集合中。不指定该项时，被联合查询结果集合中的重复行将只保留一行。

联合查询时，查询结果的列标题为第一个查询语句的列标题。因此，要定义列标题必须在第一个查询语句中定义。要对联合查询结果排序时，也必须使用第一查询语句中的列名、列标题或者列序号。

在使用 UNION 运算符时，应保证每个联合查询语句的选择列表中有相同数量的表达式，并且每个查询选择表达式应具有相同的数据类型，或是可以自动将它们转换为相同的数据类型。在自动转换时，对于数值类型，系统将低精度的数据类型转换为高精度的数据类型。

在包括多个查询的 UNION 语句中，其执行顺序是自左至右，使用括号可以改变这一执行顺序。

例如：

查询 1 UNION （查询 2 UNION 查询 3）

3. 连接查询

通过连接运算符可以实现多个表查询。连接是关系数据库模型的主要特点，也是它区别于其他类型数据库管理系统的一个标志。

在关系数据库管理系统中，表建立时各数据之间的关系不必确定，常把一个实体的所有信息存放在一个表中。当检索数据时，通过连接操作查询出存放在多个表中的不同实体的信息。连接操作给用户带来很大的灵活性，他们可以在任何时候增加新的数据类型。为不同实体创建新的表，之后通过连接进行查询。

连接可以在 SELECT 语句的 FROM 子句或 WHERE 子句中建立，在 FROM 子句中指出连接时有助于将连接操作与 WHERE 子句中的搜索条件区分开来。所以，在 Transact-SQL 中推荐使用这种方法。

SQL-92 标准所定义的 FROM 子句的连接语法格式为：

FROM   join_table   join_type   join_table
[ON   (join_condition)]

其中，join_table 指出参与连接操作的表名，连接可以对同一个表操作，也可以对多表操作，对同一个表操作的连接又称做自连接。

join_type 指出连接类型，可分为三种：内连接、外连接和交叉连接。内连接（Inner Join）使用比较运算符进行表间某（些）列数据的比较操作，并列出这些表中与连接条件相匹配的数据行。根据所使用的比较方式不同，内连接又分为等值连接、自然连接和不等连接三种。外连接分为左外连接（Left Outer Join 或 Left Join）、右外连接（Right Outer Join 或 Right Join）和全外连接（Full Outer Join 或 Full Join）三种。与内连接不同的是，外连接不只列出与连接条件相匹配的行，而是列出左表（左外连接时）、右表（右外连接时）或两个表（全外连接时）中所有符合搜索条件的数据行。交叉连接（Cross Join）没有 WHERE 子句，它返回连接表中所有数据行的笛卡尔积，其结果集合中的数据行数等于第一个表中符合查询条件的数据行数乘以第二个表中符合查询条件的数据行数。

连接操作中的 ON (join_condition)子句指出连接条件，它由被连接表中的列和比较运算符、逻辑运算符等构成。

无论哪种连接都不能对 text、ntext 和 image 数据类型列进行直接连接，但可以对这三种列进行间接连接。例如：

SELECT   p1.pub_id,p2.pub_id,p1.pr_info
FROM   pub_info AS p1 INNER JOIN pub_info AS p2
ON   DATALENGTH(p1.pr_info)=DATALENGTH(p2.pr_info)

（1）内连接。

内连接查询操作列出与连接条件匹配的数据行，它使用比较运算符比较被连接列的列值。内连接分三种：

1）等值连接：在连接条件中使用等于号（=）运算符比较被连接列的列值，其查询结果中列出被连接表中的所有列，包括其中的重复列。

2）不等连接：在连接条件使用除等于运算符以外的其他比较运算符比较被连接的列的列值。这些运算符包括 >、>=、<=、<、!>、!<和<>。

3）自然连接：在连接条件中使用等于（=）运算符比较被连接列的列值，但它使用选择列表指出查询结果集合中所包括的列，并删除连接表中的重复列。

例如，下面使用等值连接列出 authors 和 publishers 表中位于同一城市的作者和出版社：

```
SELECT     *
FROM    authors    AS    a    INNER    JOIN    publishers    AS    p
ON    a.city=p.city
```

又如使用自然连接，在选择列表中删除 authors 和 publishers 表中重复列(city 和 state)：

```
SELECT    a.*,p.pub_id,p.pub_name,p.country
FROM    authors    AS    a    INNER    JOIN    publishers    AS    p
ON    a.city=p.city
```

（2）外连接。

内连接时，返回查询结果集合中的仅是符合查询条件（WHERE 搜索条件或 HAVING 条件）和连接条件的行。而采用外连接时，它返回到查询结果集合中的不仅包含符合连接条件的行，而且还包括左表（左外连接时）、右表（右外连接时）或两个边接表（全外连接）中的所有数据行。如下面使用左外连接将论坛内容和作者信息连接起来：

```
SELECT    a.*,b.*    FROM    luntan    LEFT    JOIN    usertable    as    b
ON    a.username=b.username
```

下面使用全外连接将 city 表中的所有作者以及 user 表中的所有作者，以及他们所在的城市：

```
SELECT    a.*,b.*
FROM    city    as    a    FULL    OUTER    JOIN    user    as    b
ON    a.username=b.username
```

（3）交叉连接。

交叉连接不带 WHERE 子句，它返回被连接的两个表所有数据行的笛卡尔积，返回到结果集合中的数据行数等于第一个表中符合查询条件的数据行数乘以第二个表中符合查询条件的数据行数。例如，titles 表中有 6 类图书，而 publishers 表中有 8 家出版社，则下列交叉连接检索到的记录数将等于 6*8=48 行。

```
SELECT    type,pub_name
FROM    titles    CROSS    JOIN    publishers
ORDER    BY    type
```

4. 数据表操作常用命令

（1）设置表的主键。

单字段主键格式：属性名 数据类型 PRIMARY KEY

示例：

```
mysql>   CREATE TABLE student1 (
    -> id int PRIMARY KEY,
    -> name varchar(20)
    -> );
Query OK, 0 rows affected (0.06 sec)
```

多字段主键格式：PRIMARY KEY(属性名 1,属性名 2....属性名 n)

示例：

```
mysql> CREATE TABLE student2 (
    -> id int,
    -> stu_id int,
    -> name varchar(20),
    -> PRIMARY KEY(id,stu_id)
    -> );
Query OK, 0 rows affected (0.00 sec)
```

（2）设置表的外键。

格式：CONSTRAINT 外键别名 FOREIGN KEY(属性 1,属性 2,....属性 n) REFERENCES 表名(属性 1',属性 2',...属性 n')

示例：
```
mysql> CREATE TABLE teacher (
    -> id int PRIMARY KEY,
    -> stu_id int,
    -> name varchar(20),
    -> CONSTRAINT STUID FOREIGN KEY(stu_id) REFERENCES student1(id)
    -> );
Query OK, 0 rows affected (0.00 sec)
```

（3）设置表的非空约束。

简单地说就是不让这个属性的值为空，不填的话就会报错。

格式：属性名 数据类型 NOT NULL

（4）设置表的唯一性约束。

就是这个属性的值是不能重复的。

格式：属性名 数据类型 UNIQUE

（5）设置表的属性值自动增加。

AUTO_INCREMENT 约束的字段可以是任何整数类型（TINYINT、SMALLINT、INT 和 BIGINT），在默认的情况下，该字段的值是从 1 开始自增。

格式：属性名 数据类型 AUTO_INCREMENT

（6）设置表的属性的默认值。

格式：属性名 数据类型 DEFAULT 默认值
```
mysql> CREATE TABLE student3 (
    -> id int PRIMARY KEY AUTO_INCREMENT,
    -> teacher_id int UNIQUE,
    -> name varchar(20) NOT NULL,
    -> sex varchar(10) DEFAULT 'male'
    -> );
Query OK, 0 rows affected (0.01 sec)
```

查看表结构语句 DESCRIBE，通过查看表的结构，就很明确地对表进行解读，而且可以查看一下自己创建的表有没错误。

格式：DESCRIBE 表名;

示例：
```
mysql> desc student3;
+------------+-------------+------+-----+---------+----------------+
| Field      | Type        | Null | Key | Default | Extra          |
+------------+-------------+------+-----+---------+----------------+
| id         | int(11)     | NO   | PRI | NULL    | auto_increment |
| teacher_id | int(11)     | YES  | UNI | NULL    |                |
| name       | varchar(20) | NO   |     | NULL    |                |
| sex        | varchar(10) | YES  |     | male    |                |
+------------+-------------+------+-----+---------+----------------+
4 rows in set (0.01 sec)
```

查看表详细结构语句 SHOW CREATE TABLE，通过这个 SQL 语句可以查看表的详细定义，除了字段名、字段的数据类型、约束条件外，还可以查看表的默认存储引擎和字符编码。

格式：SHOW CREATE TABLE 表名;

示例：

```
mysql> SHOW CREATE TABLE student3;
+----------+--------------------------------------------------------------------------------+
| Table    | Create Table                                                                   |
+----------+--------------------------------------------------------------------------------+
| student3 | CREATE TABLE 'student3' (
  'id' int(11) NOT NULL AUTO_INCREMENT,
  'teacher_id' int(11) DEFAULT NULL,
  'name' varchar(20) NOT NULL,
  'sex' varchar(10) DEFAULT 'male',
  PRIMARY KEY ('id'),
  UNIQUE KEY 'teacher_id' ('teacher_id')
) ENGINE=InnoDB DEFAULT CHARSET=gb2312 |
+----------+--------------------------------------------------------------------------------+
1 row in set (0.00 sec)
```

（7）修改表。

1）修改表名。

表名可以在一个数据库中唯一确定一张表。

格式：ALTER TABLE 旧表名 RENAME 新表名

示例：

```
mysql> ALTER TABLE student RENAME student4;
Query OK, 0 rows affected (0.11 sec)
mysql> DESCRIBE student;
ERROR 1146 (42S02): Table 'example.student' doesn't exist
```

由上面可以看出，改名后的表已经不存在了。

2）修改字段的数据类型。

格式：ALTER TABLE 表名 MODIFY 属性名 数据类型

示例：

```
mysql> DESCRIBE student1;
+-------+-------------+------+-----+---------+-------+
| Field | Type        | Null | Key | Default | Extra |
+-------+-------------+------+-----+---------+-------+
| id    | int(11)     | NO   | PRI | NULL    |       |
| name  | varchar(20) | YES  |     | NULL    |       |
+-------+-------------+------+-----+---------+-------+
2 rows in set (0.08 sec)

mysql> ALTER TABLE student1 MODIFY name varchar(30);
Query OK, 0 rows affected (0.06 sec)
Records: 0  Duplicates: 0  Warnings: 0

mysql> DESCRIBE student1;
+-------+-------------+------+-----+---------+-------+
| Field | Type        | Null | Key | Default | Extra |
+-------+-------------+------+-----+---------+-------+
| id    | int(11)     | NO   | PRI | NULL    |       |
```

```
| name   | varchar(30) | YES  |     | NULL    |       |
+--------+-------------+------+-----+---------+-------+
2 rows in set (0.01 sec)
```

3）修改字段名。

格式：ALTER TABLE 表名 CHANGE 旧属性名 新属性名 新数据类型

示例：

```
mysql> DESCRIBE student1;
+-------+-------------+------+-----+---------+-------+
| Field | Type        | Null | Key | Default | Extra |
+-------+-------------+------+-----+---------+-------+
| id    | int(11)     | NO   | PRI | NULL    |       |
| name  | varchar(30) | YES  |     | NULL    |       |
+-------+-------------+------+-----+---------+-------+
2 rows in set (0.00 sec)

mysql> ALTER TABLE student1 CHANGE name stu_name varchar(40);
Query OK, 0 rows affected (0.01 sec)
Records: 0  Duplicates: 0  Warnings: 0

mysql> DESCRIBE student1;
+----------+-------------+------+-----+---------+-------+
| Field    | Type        | Null | Key | Default | Extra |
+----------+-------------+------+-----+---------+-------+
| id       | int(11)     | NO   | PRI | NULL    |       |
| stu_name | varchar(40) | YES  |     | NULL    |       |
+----------+-------------+------+-----+---------+-------+
2 rows in set (0.00 sec)
```

这里修改字段名的同时也修改了数据类型，如果不想修改数据类型的话就按照原来的写。

4）增加字段。

格式：ALTER TABLE 表名 ADD 属性名1 数据类型 [完整性约束条件] [FIRST | AFTER 属性名2]

其中，"属性名1"参数指需要增加的字段的名称；FIRST 参数是可选参数，其作用是将新增字段设置为表的第一个字段；AFTER 参数也是可选的参数，其作用是将新增字段添加到"属性名2"后面；"属性名2"当然就是指表中已经有的字段。

示例：

```
mysql> DESCRIBE student1;
+----------+-------------+------+-----+---------+-------+
| Field    | Type        | Null | Key | Default | Extra |
+----------+-------------+------+-----+---------+-------+
| id       | int(11)     | NO   | PRI | NULL    |       |
| stu_name | varchar(40) | YES  |     | NULL    |       |
+----------+-------------+------+-----+---------+-------+
2 rows in set (0.00 sec)

mysql> ALTER TABLE student1 ADD teacher_name varchar(20) NOT NULL AFTER id;
Query OK, 0 rows affected (0.01 sec)
Records: 0  Duplicates: 0  Warnings: 0

mysql> DESCRIBE student1;
+--------------+-------------+------+-----+---------+-------+
```

```
| Field        | Type        | Null | Key | Default | Extra |
+--------------+-------------+------+-----+---------+-------+
| id           | int(11)     | NO   | PRI | NULL    |       |
| teacher_name | varchar(20) | NO   |     | NULL    |       |
| stu_name     | varchar(40) | YES  |     | NULL    |       |
+--------------+-------------+------+-----+---------+-------+
3 rows in set (0.01 sec)
```

5）删除字段。

格式：ALTER TABLE 表名 DROP 属性名

示例：

```
mysql> DESCRIBE student1;
+--------------+-------------+------+-----+---------+-------+
| Field        | Type        | Null | Key | Default | Extra |
+--------------+-------------+------+-----+---------+-------+
| id           | int(11)     | NO   | PRI | NULL    |       |
| teacher_name | varchar(20) | NO   |     | NULL    |       |
| stu_name     | varchar(40) | YES  |     | NULL    |       |
+--------------+-------------+------+-----+---------+-------+
3 rows in set (0.01 sec)

mysql> ALTER TABLE student1 DROP teacher_name;
Query OK, 0 rows affected (0.01 sec)
Records: 0  Duplicates: 0  Warnings: 0

mysql> DESCRIBE student1;
+----------+-------------+------+-----+---------+-------+
| Field    | Type        | Null | Key | Default | Extra |
+----------+-------------+------+-----+---------+-------+
| id       | int(11)     | NO   | PRI | NULL    |       |
| stu_name | varchar(40) | YES  |     | NULL    |       |
+----------+-------------+------+-----+---------+-------+
2 rows in set (0.00 sec)
```

6）更改表的存储引擎。

格式：ALTER TABLE 表名 ENGINE = 存储引擎名

示例：

```
mysql> SHOW CREATE TABLE student2;
+----------+-----------------------------------------
| Table    | Create Table
+----------+-----------------------------------------
| student2 | CREATE TABLE 'student2' (
  'id' int(11) NOT NULL DEFAULT '0',
  'stu_id' int(11) NOT NULL DEFAULT '0',
  'name' varchar(20) DEFAULT NULL,
  PRIMARY KEY ('id','stu_id')
) ENGINE=InnoDB DEFAULT CHARSET=gb2312 |
+----------+-----------------------------------------
1 row in set (0.05 sec)

mysql> ALTER TABLE student2 ENGINE = MYISAM;
Query OK, 0 rows affected (0.02 sec)
Records: 0  Duplicates: 0  Warnings: 0
```

```
mysql> SHOW CREATE TABLE student2;
+----------+------------------------------------
| Table    | Create Table
+----------+------------------------------------
| student2 | CREATE TABLE 'student2' (
  'id' int(11) NOT NULL DEFAULT '0',
  'stu_id' int(11) NOT NULL DEFAULT '0',
  'name' varchar(20) DEFAULT NULL,
  PRIMARY KEY ('id','stu_id')
) ENGINE=MyISAM DEFAULT CHARSET=gb2312 |
+----------+------------------------------------
1 row in set (0.00 sec)
```

7）删除表的外键约束。

格式：ALTER TABLE 表名 DROP FOREIGN KEY 外键别名

示例：

```
mysql> SHOW CREATE TABLE teacher;
+---------+--------------------------------------------
| Table   | Create Table
+---------+--------------------------------------------
| teacher | CREATE TABLE 'teacher' (
  'id' int(11) NOT NULL,
  'stu_id' int(11) DEFAULT NULL,
  'name' varchar(20) DEFAULT NULL,
  PRIMARY KEY ('id'),
  KEY 'STUID' ('stu_id'),
  CONSTRAINT 'STUID' FOREIGN KEY ('stu_id') REFERENCES 'stu
) ENGINE=InnoDB DEFAULT CHARSET=gb2312 |
+---------+--------------------------------------------
1 row in set (0.08 sec)

mysql> ALTER TABLE teacher DROP FOREIGN KEY STUID;
Query OK, 0 rows affected (0.04 sec)
Records: 0  Duplicates: 0  Warnings: 0

mysql> SHOW CREATE TABLE teacher;
+---------+--------------------------------------------
| Table   | Create Table
+---------+--------------------------------------------
| teacher | CREATE TABLE 'teacher' (
  'id' int(11) NOT NULL,
  'stu_id' int(11) DEFAULT NULL,
  'name' varchar(20) DEFAULT NULL,
  PRIMARY KEY ('id'),
  KEY 'STUID' ('stu_id')
) ENGINE=InnoDB DEFAULT CHARSET=gb2312 |
+---------+--------------------------------------------
1 row in set (0.00 sec)
```

（8）删除表。

格式：DROP TABLE 表名

删除没有被关联的普通表：直接用上面的 SQL 语句就行，删除被其他表关联的父表，采用以下方式：

1）先删除子表，在删除父表。
2）删除父表的外键约束（上面有介绍），再删除该表。

3.3 phpMyAdmin 管理 MySQL 数据库

任务 1　使用 phpMyAdmin 操作数据库

【任务描述】

使用 phpMyAdmin 创建数据库、修改、删除数据，即使用 phpMyAdmin 对数据库进行简单操作。

【任务分析】

默认情况 MySQL 操作是在命令提示符下进行，对于初学者来说使用命令操作数据库有一定的困难，而 phpMyAdmin 提供的是图形界面下操作数据库，方便易操作。

【实施操作】

（1）使用 phpMyAdmin 创建数据库，phpMyAdmin 的主界面如图 3-27 所示。在创建一个新的数据库下输入数据库名称，单击"创建"按钮，创建成功后，右侧数据库中能够找到新建的数据库，如图 3-28 所示。

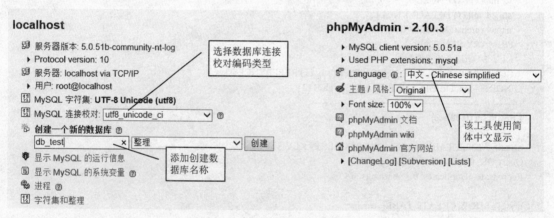

图 3-27　phpMyAdmin 主界面

图 3-28　数据库创建成功

（2）修改数据库，如果创建的数据库不能满足用户需求，可以修改数据库名称如图 3-29、图 3-30 所示。

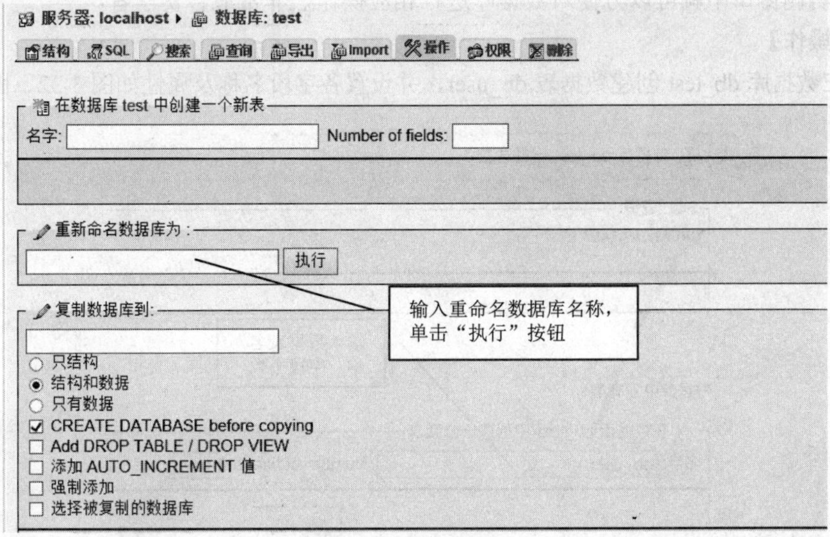

图 3-29　重命名数据库

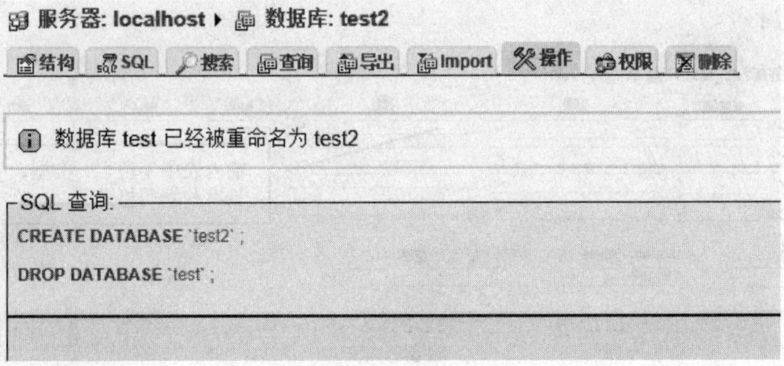

图 3-30　重命名成功

（3）删除数据库，如果数据库不再使用可以点击"删除"，直接将数据库删除，如图 3-31 所示。

图 3-31　删除数据库

任务 2　使用 phpMyAdmin 操作数据表

【任务描述】

使用 phpMyAdmin 在创建好的数据库中创建、修改、删除数据表。

【任务分析】

PhpMyAdmin 可以在视图界面下方便地创建数据表，并对数据表进行修改或删除，在左侧选择好数据库，右侧窗口中就可以方便对数据库进行相应操作，非常适合初学者。

【实施操作】

（1）在数据库 db_test 创建数据表 db_user，并设置各字段名称及属性如图 3-32、图 3-33 所示。

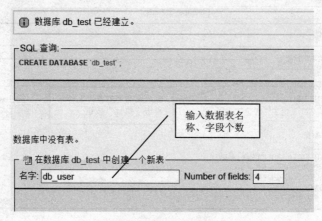

图 3-32　创建新表

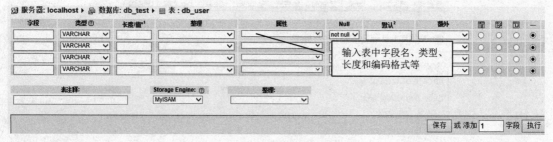

图 3-33　输入表中字段各属性

（2）修改数据表，如果创建的表中需要修改表名、字段名、字段属性设置时，可以使用修改功能，如图 3-34、图 3-35 所示。

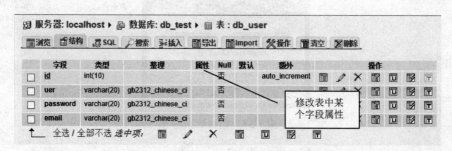

图 3-34　修改某字段

（3）删除数据表，如果需要删除某个表，可以使用删除功能，如图 3-36 所示。

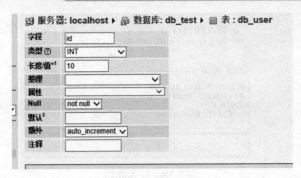

图 3-35　修改界面

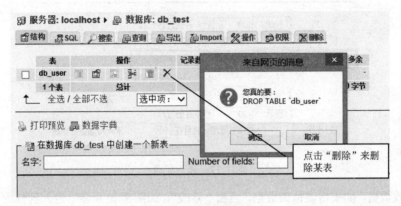

图 3-36　删除数据表

任务 3　使用 phpMyAdmin 操作数据

【任务描述】

在创建好数据库、数据表后，就是对数据的操作，这里要求完成插入数据、修改数据、查询数据、删除数据。

【任务分析】

任务要求完成数据的插入、修改、查询、删除是数据库对数据的基本操作，也是最重要的部分，可以直接在图形界面下进行这些操作，既简单又方便。

【实施操作】

（1）插入数据，在主页面上点击"SQL"，打开运行 SQL 查询窗口，输入插入语句，点击"执行"，插入数据到表中，如图 3-37 至图 3-39 所示。

```
insert into db_user(uer,password,email) values('lk','123','123@qq.com')
```

图 3-37　SQL 语句插入数据

图 3-38　插入成功

图 3-39　显示记录

（2）修改数据，如果需要修改数据，点击"修改"，如图 3-40 所示。进入到修改界面如图 3-41 所示，修改需要的字段值后点击"执行"，完成数据修改。

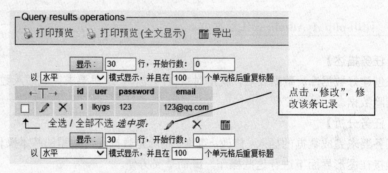

图 3-40　点击修改

图 3-41　修改界面

（3）查询数据，点击主页面上的"浏览"，进行查询如图 3-42 所示。

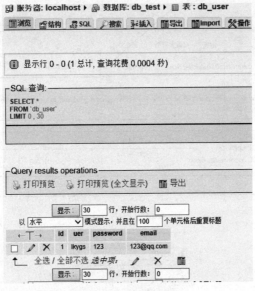

图 3-42　查询数据

（4）删除数据，需要删除数据时点击"删除"，出现提示语句，单击"确定"按钮删除记录，如图 3-43 所示。

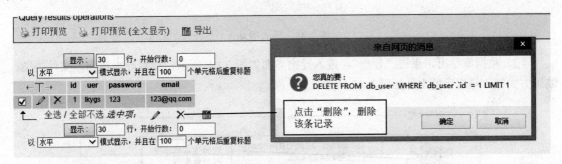

图 3-43　删除数据

任务 4　使用 phpMyAdmin 导入导出数据库

【任务描述】

将创建好的数据库 db_test 导出，并将数据库文件 class.sql 导入数据库。

【任务分析】

数据库创建好后，经常需要导入导出，使用 phpMyAdmin 可以非常方便地将数据库导出导入，只需要点击主页上的"import"或者"导入"。

【实施操作】

（1）数据库导入，将 class.sql 数据库文件导入到 db_test 数据库中，如图 3-44 所示，选择文本文件的位置后，设置文件的字符集，默认是 utf-8，然后点击"执行"，导入数据库 class，导入后结果如图 3-45 所示。

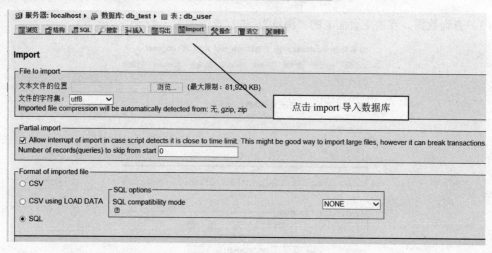

图 3-44 点击 import

图 3-45 导入成功

（2）数据库导出，点击"导出"，进入导出界面如图 3-46 所示，设置导出数据库文件类型、编码方式等，导出后的文件如图 3-47 所示。

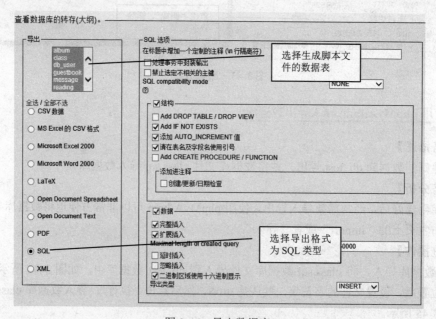

图 3-46 导出数据库

```
-- phpMyAdmin SQL Dump
-- version 2.10.3
-- http://www.phpmyadmin.net
--
-- 主机: localhost
-- 生成日期: 2014 年 08 月 16 日 15:04
-- 服务器版本: 5.0.51
-- PHP 版本: 5.2.6

SET SQL_MODE="NO_AUTO_VALUE_ON_ZERO";

--
-- 数据库: `db_test`
--

-- ------------------------------------------

--
-- 表的结构 `album`
--

CREATE TABLE IF NOT EXISTS `album` (
  `id` int(11) NOT NULL auto_increment,
  `classid` int(11) NOT NULL default '0',
  `title` varchar(50) NOT NULL default '',
```

图 3-47 导出数据库文件

3.4 PHP 操作 MySQL 数据库

任务 1　利用数据库保存留言

【任务描述】

为了保存用户留言信息，任务要求使用 MySQL 数据库创建数据库及数据表用来保存留言，每条留言包含用户名、学号、联系方式、邮箱、留言等信息。设置简单页面实现用户留言及保存留言的功能。

【任务分析】

如果不使用数据库保存留言，当用户下次再打开留言板就看不到之前的留言，为了能够将留言保存下来随时查看，这里采用将留言数据保存在库 lydb 的 ly 表中。当单击"提交"按钮，可以提交发言，并能查看留言，整个流程如图 3-48 所示。

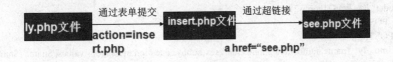

图 3-48 留言版操作过程

本任务需要使用 PHP 访问 MySQL 的相关函数，因此可以通过添加删除软件包添加 PHP-MySQL 模块，后重启 Apache 服务，否则会提示函数未定义。

【实施步骤】

（1）创建数据库及数据表。

根据留言页面需要保存的信息，设计 ly 表的结构如表 3-1 所示。

表 3-1　ly 表结构

字段名	数据类型	约束条件
Id	整型	主键、自动增长型
name（用户名）	字符型	
number（学号）	字符型	
telephone（联系电话）	字符型	
email（邮箱）	字符型	
sex（性别）	字符型	
hobby（爱好）	字符型	
education（学历）	字符型	
message（留言）	字符型	
time（留言日期）	日期型	

根据定义表的结构在数据库中创建数据库 lydb 及表 ly，查询表的结构如图 3-49 所示。

```
mysql> describe ly;
+-----------+-------------+------+-----+---------+----------------+
| Field     | Type        | Null | Key | Default | Extra          |
+-----------+-------------+------+-----+---------+----------------+
| id        | int(11)     |      | PRI | NULL    | auto_increment |
| name      | varchar(20) | YES  |     | NULL    |                |
| number    | varchar(20) | YES  |     | NULL    |                |
| telephone | varchar(20) | YES  |     | NULL    |                |
| email     | varchar(20) | YES  |     | NULL    |                |
| sex       | char(1)     | YES  |     | NULL    |                |
| hobby     | varchar(50) | YES  |     | NULL    |                |
| education | varchar(20) | YES  |     | NULL    |                |
| message   | varchar(50) | YES  |     | NULL    |                |
| time      | date        | YES  |     | NULL    |                |
+-----------+-------------+------+-----+---------+----------------+
10 rows in set (0.00 sec)
```

图 3-49　查询表 ly 结构

（2）数据写入数据库文件 insert.php 参考代码如下：

```php
<?php
$name=$_POST[name];
$number=$_POST[number];
$telephone=$_POST[telephone];
$email=$_POST[email];
$sex=$_POST[sex];
$hobby=implode(",",$_POST[hobby]);
$education=$_POST[education];
$message=$_POST[ly];
$sql="insert into ly (name,number,telephone,email,sex,hobby,education,message)  values('$name','$number','$telephone','$email','$sex','$hobby','$education','$message')";
$link=mysql_connect("localhost","root","");
mysql_select_db("lydb",$link);
if(mysql_query($sql))
{
?>
<center>留言完成</center>
<br><a href="see.php">查看留言</a>
<?}
mysql_close($link);
?>
```

插入数据后查询表 ly 结果如图 3-50 所示。

```
mysql> select * from ly;
```

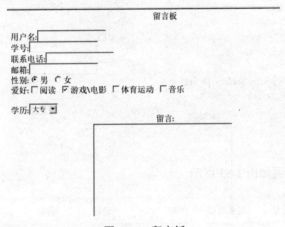

图 3-50 查询 ly 表

完成后留言板、留言完成参考界面如图 3-51、图 3-52 所示。

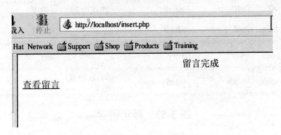

图 3-51 留言板

图 3-52 留言完成

任务 2   显示留言

【任务描述】

当用户需要查看之前的留言时，可以点击"查看留言"，本任务中以表格的形式从数据库中读取数据并显示。

【任务分析】

当点击"查看留言"时，页面跳转到 see.php，see.php 页面中首先连接数据库 MySQL，选择 lydb 数据库，查询表 ly，查询结果保存到定义的结果集变量，然后在适当位置显示出来，对应操作需要使用 PHP 访问 MySQL 数据库函数实现，具体过程见下面的实施步骤。

【实施步骤】

（1）显示留言页面 see.php 参考代码如下：

```
<html>
<body>
<table border="1">
<tr><td>留言号</td><td>用户名</td><td>学号</td><td>联系电话</td><td>邮箱</td><td>爱好</td><td>留言</td></tr>
<?
$link=mysql_connect("localhost","root","");
mysql_select_db("lydb",$link);
$result=mysql_query("select * from ly");
while ($row=mysql_fetch_array($result))
{
?>
<tr>
<td><?echo $row[id];?></td>
<td><?echo $row[name];?></td>
<td><?echo $row[number];?></td>
<td><?echo $row[telephone];?></td>
<td><?echo $row[email];?></td>
<td><?$hobby=$row[hobby]; echo $hobby;?></td>
<td><?echo $row[message];?></td>
<?}?>
</tr>
</body>
</html>
```

（2）完成后参考界面如图 3-53 所示。

留言号	用户名	学号	联系电话	邮箱	爱好	留言
1	张三	121101	13862172345	2345718@qq.com	阅读,游戏电影	大家好,我是安全1211班级的张三同学.
2	sdf	sdf	sdf	sdfsdf	游戏电影	sdfsdf
3	sdfds	dsfds	sdf	sdfsdf	游戏电影,体育运动	sdfdsf
4	rwe	rwer	wer	were	阅读,游戏电影	wer
5	dzfds	sdfds	sdfds	sdfsd	阅读,游戏电影	sd

图 3-53　显示留言

【项目相关知识点】

1. PHP 下操作 MySQL 数据库的步骤

一般包括以下几个步骤：

（1）将 SQL 语句赋值给某个字符串变量；

（2）执行 SQL 语句；

（3）如果是 select 语句，则从游标当前位置读取一条记录的数据。

2. 在程序中操作 MySQL 数据库常用函数说明

（1）mysql_connect()建立数据库连接。

格式：

resource mysql_connect([string hostname [:port] [:/path/to/socket] [, string username] [, string password]])

示例：

$conn = mysql_connect("localhost", "username", "password") or die("不能连接到 Mysql Server");

说明：使用该连接必须显示关闭连接。

（2）mysql_pconnect()建立数据库连接。

格式：

resource mysql_pconnect([string hostname [:port] [:/path/to/socket] [, string username] [, string password]])

示例：

$conn = mysql_pconnect("localhost", "username", "password") or die("不能连接到 Mysql Server");

说明：使用该连接函数不需要显示的关闭连接，它相当于使用了连接池。

（3）mysql_close()关闭数据库连接。

示例：

$conn = mysql_connect("localhost", "username", "password") or die("不能连接到 Mysql Server");
mysql_select_db("MyDatabase") or die("不能选择这个数据库，或数据库不存在");
echo "你已经连接到 MyDatabase 数据库";
mysql_close();

（4）mysql_select_db()选择数据库。

格式：

boolean mysql_select_db(string db_name [, resource link_id])

示例：

$conn = mysql_connect("localhost", "username", "password") or die("不能连接到 Mysql Server");
mysql_select_db("MyDatabase") or die("不能选择这个数据库，或数据库不存在");

（5）mysql_query()查询 MySQL。

格式：

resource mysql_query (string query, [resource link_id])

示例：

$linkId = mysql_connect("localhost", "username", "password") or die("不能连接到 Mysql Server");
mysql_select_db("MyDatabase") or die("不能选择这个数据库，或者数据库不存在");
$query = "select * from MyTable";
$result = mysql_query($query);
mysql_close();

说明：若 SQL 查询执行成功，则返回资源标识符，失败时返回 false。若执行更新成功，则返回 true，否则返回 false。

（6）mysql_result()获取和显示数据。

格式：

mixed mysql_result (resource result_set, int row [, mixed field])

示例：

$query = "select id, name from MyTable order by name";
$result = mysql_query($query);
for($count=0;$count<=mysql_numrows($result);$count++)
{
    $c_id = mysql_result($result, 0, "id");
    $c_name = mysql_result($result, 0, "name");

```
        echo $c_id,$c_name;
}
```

说明：最简单、也是效率最低的数据获取函数。

（7）mysql_fetch_row()获取和显示数据。

格式：

array mysql_fetch_row (resource result_set)

示例：

```
$query = "select id, name from MyTable order by name";
$result = mysql_query($query);
   while (list($id, $name) = mysql_fetch_row($result)) {
      echo("Name: $name ($id) <br />"); }
```

说明：函数从 result_set 中获取整个数据行，将值放在一个索引数组中。通常会结使 list()函数使用。

（8）mysql_fetch_array()获取和显示数据。

格式：

array mysql_fetch_array (resource result_set [, int result_type])

示例 1：

```
$query = "select id, name from MyTable order by name";
$result = mysql_query($query);
while($row = mysql_fetch_array($result, MYSQL_ASSOC)) {
    $id = $row["id"];

    $name = $row["name"];
    echo "Name: $name ($id) <br />";}
```

示例 2：

```
 $query = "select id, name from MyTable order by name";
 $result = mysql_query($query);
 while($row = mysql_fetch_array($result, MYSQL_NUM)) {
    $id = $row[0];
    $name = $row[1];
    echo "Name: $name ($id) <br />";
 }
```

说明：

result_type 的值有：

- MYSQL_ASSOC：字段名表示键，字段内容为值。
- MYSQL_NUM：数值索引数组，操作与 mysql_fetch_ros()函数一样。
- MYSQL_BOTH：既作为关联数组又作为数值索引数组返回。result_type 的默认值。

（9）mysql_num_rows()所选择的记录的个数。

格式：

int mysql_num_rows(resource result_set)

示例：

```
query = "select id, name from MyTable where id > 65";
$result = mysql_query($query);
echo "有".mysql_num_rows($result)."条记录的 ID 大于 65";
```

说明：只在确定 select 查询所获取的记录数时才有用。

【项目总结】

本项目主要学习 MySQL 数据库管理、数据库操作常用命令，能够在字符界面和图形界面操作数据库，能够创建数据库、数据表，对数据进行增、删、改、查的操作，并能够使用 PHP 访问 MySQL 数据库。

【拓展任务】

按照项目二拓展任务设计的表单如图 3-54 所示，填写后将信息存入数据库中，请合理设计数据库及数据表，保存用户填写信息，再将数据从数据库中读取出来，并以表格的形式显示在页面上。

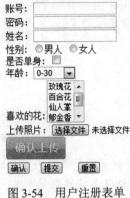

图 3-54　用户注册表单

4 使用 PHP 开发设计同学录系统

【任务引导】

近年来,随着网络用户要求的不断提高及计算机科学的迅速发展,特别是数据库技术在互联网中的广泛应用,Web 站点向用户提供的服务将越来越丰富、越来越人性化。同学录系统作为一种在线服务系统,帮助人们方便地与同学联系,使大家彼此相互了解,增进感情。在互联网上,同学录是同学之间联系最便捷的桥梁。

任何动态网站或者系统的开发都离不开数据库系统,同学录系统中用户及班级的信息需要建立相应的数据表存放和查询。因此在系统开发前,先将系统的数据库以及各个数据表创建好,便于后面的系统开发。

【知识目标】

1. 知道系统需求分析步骤;
2. 知道系统流程图绘制方法;
3. 知道数据库需求分析步骤和内容;
4. 知道 MySQL 数据库管理、操作常用命令;
5. 知道数据库系统的基本概念和 SQL 语言;
6. 知道 PHP 访问 MySQL 数据库常用函数。

【能力目标】

1. 会对同学录系统进行需求分析;
2. 会创建同学录系统数据库;
3. 会编写系统配置文件、数据库连接文件;
4. 会编写顶部、底部、左侧导航等公共文件;
5. 能够实现用户注册、登录功能;
6. 能够实现创建班级、加入班级、查询班级功能;
7. 能够实现用户资料修改功能;
8. 能够实现班级留言、班级读物、查询用户功能;
9. 会综合运用 PHP、MySQL 编程技术开发系统其他功能。

4.1 同学录系统需求分析

任务1 同学录系统需求分析

【任务描述】

本同学录系统是为班级同学之间进行交流和联系提供的一个平台，通过提供各种同学录服务，可以达到增进同学之间的感情，方便相互联系的目的。

【任务分析】

通过使用以下同学录系统，分析得出你想要开发的同学录系统主要功能。

网易同学录，网址：http://alumni.163.com/index.htm。

中国同学录，网址：http://www.5460.net。

世纪同学录，网址：http://www.classme.com/new/index.aspx。

【实施步骤】

同学录系统需求分析结果，它应该包含以下基本功能：

（1）系统提供用户注册、登录功能。

（2）系统用户在同学录系统中注册后能够进行班级查找，班级建立；

（3）系统用户可以修改自己的个人信息；

（4）系统用户登录后可以加入班级，也可以退出所加入的班级；

（5）班级有留言板，能够为班级同学畅所欲言提供平台；

（6）班级管理员使用班级公告能够发布班级的最新消息；

（7）班级成员能够在班级相册中浏览、发布相片；

（8）班级成员能够发布阅览班级读物；

（9）班级成员的详细联系方式能够方便查看。

任务2 同学录系统设计

【任务描述】

请根据前面系统需求分析给出系统整体设计、功能模块分析图以及系统流程图。

【任务分析】

（1）用语言描述出系统整体设计；

（2）利用 visio 画出系统功能模块分析图；

（3）利用实施步骤 visio 画出系统流程图。

【实施步骤】

（1）系统整体设计。

同学录系统需要用户注册后才能使用，系统包括用户模块和班级功能模块两大部分，两大模块中又各自包含一些子模块，分别完成同学录中各类功能，总体来说，用户模块主要实现用户的注册、登录、用户信息的修改，以及完成用户创建班级和加入班级的功能，而班级模块则是同学为各班级提供的功能，包括发送消息、发送信函、班级留言、班级读物等，同时包含班级管理功能。

（2）系统功能模块分析图。如图 4-1 所示。

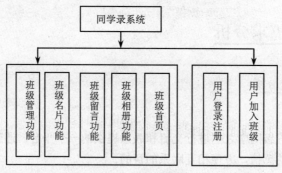

图 4-1　系统功能图

（3）同学录系统流程图。如图 4-2 所示。

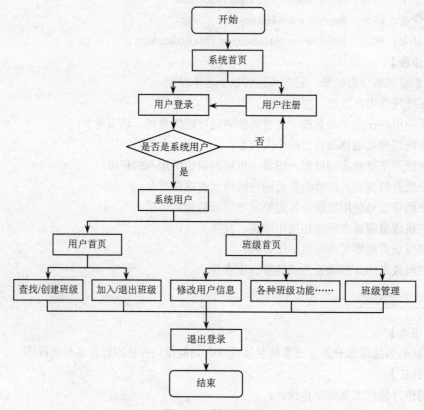

图 4-2　系统流程图

任务 3　同学录系统数据库表的结构设计

【任务描述】

根据系统分析和功能设计，同学录系统的数据库设计需要确定所需的数据表，通过各个数据库之间的关系对信息进行组织和连接，最后确定每个字的属性、含义和主键。

【任务分析】

请按表 4-1 内容给出你设计的数据库中各数据表的结构。

表 4-1 表结构

列名	数据类型	主键	必填字段	备注

实施步骤如表 4-2 至表 4-7 所示。

表 4-2 user 表

字段名	数据类型	主键	必填字段	备注
id	整型	是	是	自动增长
username	字符型	否	是	唯一
password	字符型	否	否	
realname	字符型	否	否	
birthday	字符型	否	否	
sex	字符型	否	否	
hobby	字符型	否	否	
mail	字符型	否	否	
qq	字符型	否	否	
mobile	字符型	否	否	
addresss	字符型	否	否	
zip	字符型	否	否	
words	字符型	否	否	
level	字符型	否	否	默认值 user
create_time	日期型	否	是	默认值 0000-00-00

表 4-3 class 表

字段名	数据类型	主键	必填字段	备注
id	整型	是	是	自动增长
scholprovince	字符型	否	否	
schoolcity	字符型	否	否	
schoolname	字符型	否	否	
classname	字符型	否	否	
creater	字符型	否	否	
createtime	日期型	否	否	
admin1	字符型	否	否	

续表

字段名	数据类型	主键	必填字段	备注
admin2	字符型	否	否	
admin3	字符型	否	否	
words	字符型	否	否	

表 4-4 reading 表

字段名	数据类型	主键	必填字段	备注
id	整型	是	是	自动增长
classid	整型	否	否	
title	字符型	否	否	
pubtime	日期型	否	是	默认值 0000-00-00
pubuser	字符型	否	否	
content	字符型	否	否	

表 4-5 message 表

字段名	数据类型	主键	必填字段	备注
id	整型	是	是	非标记，自动增长
title	字符型	是	是	默认值为空
content	文本型	否	是	
senderid	整型	否	否	默认值 1
sendername	字符型	是	否	默认值为空
toid	整型	否	否	默认值 1
toname	字符型	否	否	默认值为空
pubtime	字符型	否	是	默认值空
isread	整型	否	是	默认值 0

表 4-6 guestbook 表

字段名	数据类型	主键	必填字段	备注
id	整型	是	是	自动增长
classid	整型	是	是	默认值 0
username	字符型	否	是	默认值为空
pubtime	日期型	否	是	0000-00-00
face	字符型	否	是	默认值为空
info	文本型	否	是	

表 4-7 album 表

字段名	数据类型	主键	必填字段	备注
id	整型	是	是	自动增长
classid	整型	否	否	默认值 0
title	字符型	否	否	
photo	longblob	否	否	
pubuser	字符型	否	否	
pubtime	日期型	否	否	默认值 0000-00-00 00:00:00

【项目相关知识点】

系统需求分析步骤

软件需求是指用户对目标软件系统在功能、行为、性能、设计约束等方面的期望。通过对应问题及其环境的理解与分析，为问题涉及的信息、功能及系统行为建立模型，将用户需求精确化、完全化，最终形成需求规格说明，这一系列的活动即构成软件开发中需求分析阶段的主要内容。

需求分析是一个不断反复的需求定义、文档记录、需求演进的过程，并最终在验证的基础上冻结需求。20 世纪 80 年代，HerbKrasner 定义了需求工程的五阶段生命周期：需求定义和分析、需求决策、形成需求规格、需求实现与验证、需求演进管理。近来，MatthiasJarke 和 KlausPohl 提出了三阶段周期的说法：获取、表示和验证。综合几种观点，可以把需求分析的活动划分为以下 4 个独立的阶段：需求获取、需求提炼、需求描述和需求验证。必须在分析中采取合理的步骤，才能准确地获取软件的需求，产生符合要求的 SRS。

（1）需求获取。

需求获取通常从分析当前系统包含的数据开始。例如当前系统使用的账册、卡片和报表，手工处理当前信息的方法与存在的不足，用户希望改进的主要问题及其迫切性等。系统需求包括用户对软件功能的需求和界面的需求。为了收集到全面完整的信息，需将客户按使用频率、使用特性、优先级等方面进行分类，每类选择若干用户代表，从代表那里收集他们希望的软件系统功能、用户与系统间的交互和对话方式等需求。在确定功能需求之后，还需考虑对质量的要求，包括性能、有效性、可靠性和可用性等，提高用户对软件的满意程度。如果客户的要求和已有产品很相似，则需要考虑可否复用一些已有的软件组件。

（2）需求提炼：分析建模。

需求提炼的主要任务是建立分析模型。图形化的分析模型是说明软件需求极好的手段，常用的模型包括数据流图、实体关系图、控制流图、状态转换图、用例图、类对象关系及其行为图等。除建立系统模型外，有些软件还需要绘制系统关联图、创建用户接口原型、确定需求优先级别等。系统关联图用于定义系统与系统外部实体之间的界限和接口的简单模型，同时也明确了通过接口的信息流和物质流。当开发人员或用户一时难以确定需求时，也可以开发一个用户接口原型，通过评价原型使用户和其他参与者能更好地理解所要解决的问题。对一个系统而言，如果各项需求、软件特性的优先级别不同，还必须确定本版产品将包括哪些特性或哪类需求。

（3）需求描述：编写 SRS。

软件需求规格说明必须用统一格式的文档进行描述。为了使需求描述具有统一的风格，可以采用已有的且可满足项目需要的模板,例如在国际标准 IEEE 标准 830-1998（IEEE-1998）中和我国国家标准 GB 9385 中描述的 SRS 模板,也可以根据项目特点和软件开发小组的特点对标准进行适当的改动,形成自己的 SRS 模板。

为了让所有项目相关人员明白 SRS 中为何提出这些功能需求,应该指明需求的来源,例如来自客户要求,或是某项高层系统需求,或业务规范、政府法规、标准或别的外部来源等。最好为每项需求注上标号,以便对需求进行跟踪,记录需求的变更,并为需求状态和变更活动建立度量。

（4）需求验证。

由分析员提供的软件需求规格说明初稿往往看起来觉得是正确的,实现时却出现需求不清、不一致等问题;有时以需求说明为依据编写测试计划,也可能发现说明中有二义性。所有这些都必须通过需求验证来改善,确保需求说明可作为软件设计和最终系统验收的依据。

以教材购销系统中的教材销售系统为例,说明需求分析步骤。

4.2 同学录系统数据库创建

任务 同学录系统数据库创建

【任务描述】

（1）创建数据库,名为 class。

（2）创建所需数据表：user、class、user-class、reading、message、guestbook、album。

（3）导出数据库 class 中所有的表。

【任务分析】

任务目的是通过对 MySQL 数据库操作,掌握常用 MySQL 数据库操作命令和以前学习过的 SQL 语言,在此基础上创建同学录系统数据库和数据表。

导出数据库输入如下的命令：mysqldump -u root -p 数据库名 > 输出文件名（默认输出位置是当前目录下）,这样就会在当前的目录下面生成.sql 文件,操作如图 4-3 所示。

```
[root@localhost root]# mysqldump -u root -p class >class.sql
Enter password:
[root@localhost root]# ls
class.sql  hello  hello world  lydb.sql  passwd.txt  sx  test  test.sh  trash  user.txt  world
[root@localhost root]#
```

图 4-3 导出数据库

【实施步骤】

通过前面同学录系统数据库需求分析,利用 SQL 语言在数据库 class 中创建所需的各个数据表,数据表结构参考下面提示。

（1）用户表的结构。

创建用户表 user 代码参考下面,具体操作如图 4-4 所示。

```
CREATE TABLE  user (
    id int(10) unsigned NOT NULL auto_increment,
    username varchar(50) NOT NULL default '',
    password varchar(50) default NULL,
    realname varchar(50) default NULL,
    birthday varchar(100) default NULL,
```

```
    sex varchar(10) default NULL,
    hobby varchar(100) default NULL,
    mail varchar(255) default NULL,
    qq varchar(50) default NULL,
    mobile varchar(100) default NULL,
    address varchar(255) default NULL,
    zip varchar(20) default NULL,
    words varchar(255) default NULL,
    level varchar(10) default ' user',
    create_time date NOT NULL default '0000-00-00',
    PRIMARY KEY   (id),
    UNIQUE KEY    (username)
);
```

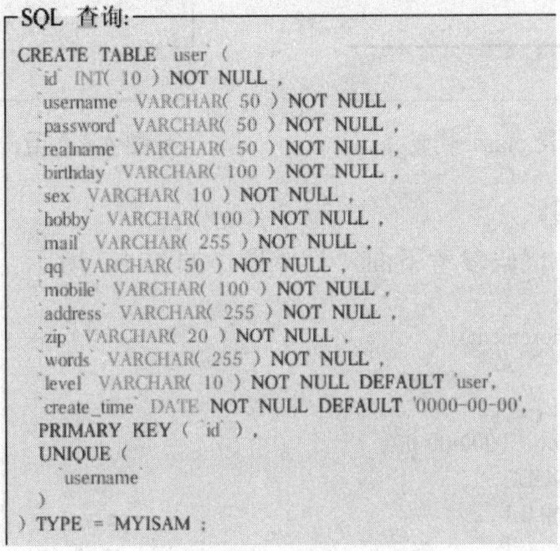

```
┌─SQL 查询:─────────────────────────────
│ CREATE TABLE user (
│   id  INT( 10 ) NOT NULL ,
│   username  VARCHAR( 50 ) NOT NULL ,
│   password  VARCHAR( 50 ) NOT NULL ,
│   realname  VARCHAR( 50 ) NOT NULL ,
│   birthday  VARCHAR( 100 ) NOT NULL ,
│   sex  VARCHAR( 10 ) NOT NULL ,
│   hobby  VARCHAR( 100 ) NOT NULL ,
│   mail  VARCHAR( 255 ) NOT NULL ,
│   qq  VARCHAR( 50 ) NOT NULL ,
│   mobile  VARCHAR( 100 ) NOT NULL ,
│   address  VARCHAR( 255 ) NOT NULL ,
│   zip  VARCHAR( 20 ) NOT NULL ,
│   words  VARCHAR( 255 ) NOT NULL ,
│   level  VARCHAR( 10 ) NOT NULL DEFAULT 'user',
│   create_time  DATE NOT NULL DEFAULT '0000-00-00',
│   PRIMARY KEY ( id ) ,
│   UNIQUE (
│       username
│   )
│ ) TYPE = MYISAM ;
```

图 4-4　用户表 user

（2）班级表的结构。

创建班级表 class 代码参考下面，具体操作如图 4-5 所示。

```
CREATE TABLE class  (
    id int(10) unsigned NOT NULL auto_increment,
    schoolprovince varchar(50) default NULL,
    schoolcity varchar(50) default NULL,
    schoolname varchar(50) default NULL,
    classname varchar(50) default NULL,
    creater varchar(50) default NULL,
    createtime date default NULL,
    admin1 varchar(50) default NULL,
    admin2 varchar(50) default NULL,
    admin3 varchar(50) default NULL,
    words varchar(255) default NULL,
    PRIMARY KEY   (id)
);
```

（3）用户-班级表的结构。

创建用户-班级表 user_class 代码参考下面，具体操作如图 4-6 所示。

```
CREATE TABLE user_class  (
    id int(11) NOT NULL auto_increment,
    userid int(11) NOT NULL default '0',
    classid int(11) NOT NULL default '0',
```

```
    PRIMARY KEY  (id),
    UNIQUE KEY   (userid,classid)
);
```

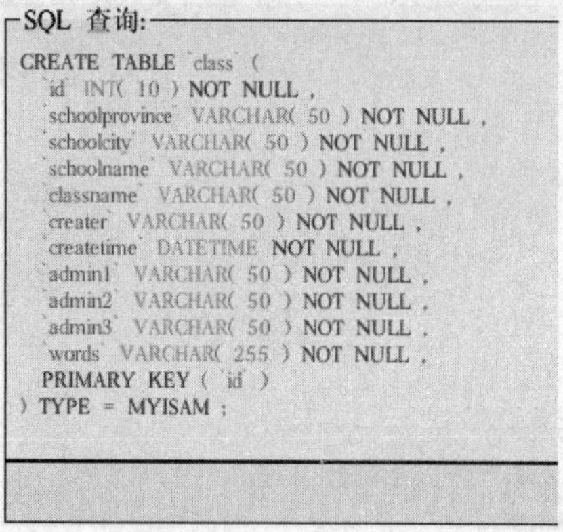

图 4-5　班级表 class

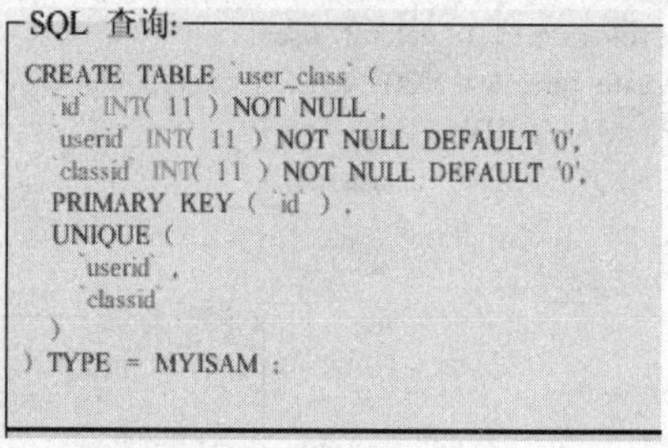

图 4-6　用户-班级表 user_class

（4）班级读物表的结构。

创建班级读物表 reading 代码参考下面，具体操作如图 4-7 所示。

```
CREATE TABLE reading (
    id int(11) NOT NULL auto_increment,
    classid int(11) default NULL,
    title varchar(50) default NULL,
    pubtime date NOT NULL default '0000-00-00',
    pubuser varchar(50) default NULL,
    content varchar(255) default NULL,
    PRIMARY KEY  (id)
);
```

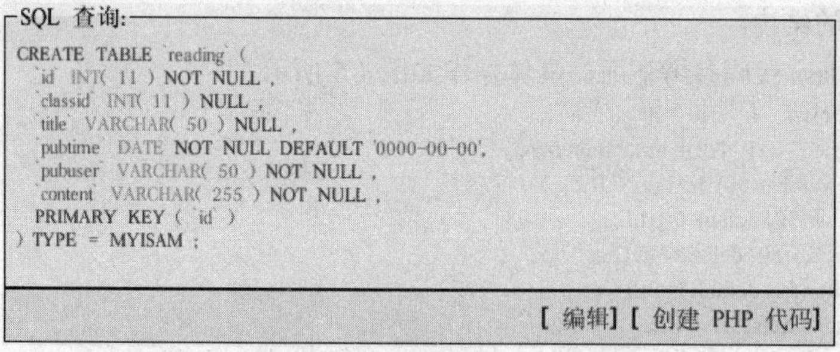

图 4-7　班级读物表 reading

（5）班级消息表的结构。

创建班级消息表 message 代码参考下面，具体操作如图 4-8 所示。

```
CREATE TABLE message (
    id int(10) unsigned NOT NULL auto_increment,
    title varchar(255) NOT NULL default '',
    content text NOT NULL,
    senderid int(11) default '1',
    sendername varchar(255) default NULL,
    toid int(11) default '1',
    toname varchar(50) default NULL,
```

```
  pubtime varchar(19) NOT NULL default '',
  isread int(1) NOT NULL default '0',
  PRIMARY KEY   (id)
);
```

```
-SQL 查询:-
CREATE TABLE `message` (
  `id` INT( 10 ) NOT NULL ,
  `title` VARCHAR( 255 ) NOT NULL ,
  `content` TEXT NOT NULL ,
  `senderid` INT( 11 ) NOT NULL DEFAULT '1',
  `sendername` VARCHAR( 255 ) NULL ,
  `toid` INT( 11 ) NOT NULL DEFAULT '1',
  `toname` VARCHAR( 50 ) NULL ,
  `pubtime` VARCHAR( 19 ) NOT NULL ,
  `isread` INT( 1 ) NOT NULL DEFAULT '0',
  PRIMARY KEY ( `id` )
) TYPE = MYISAM ;
```

[编辑] [创建 PHP 代码]

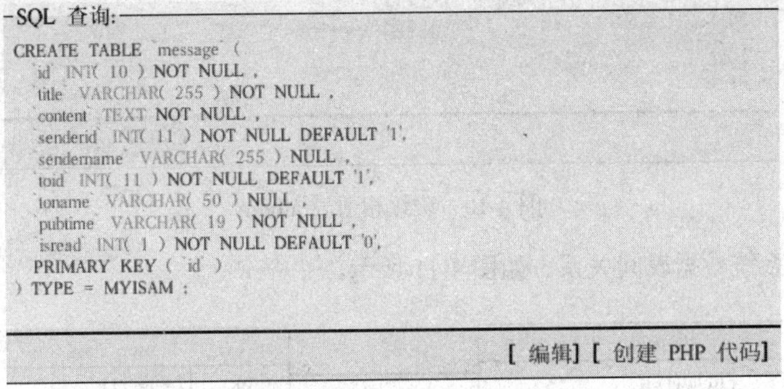

图 4-8　班级消息表 message

（6）班级留言表的结构。

创建班级留言表 guestbook 代码参考下面，具体操作如图 4-9 所示。

```
CREATE TABLE guestbook (
  id int(10) NOT NULL auto_increment,
  classid int(11) NOT NULL default '0',
  username varchar(50) NOT NULL default '',
  pubtime date NOT NULL default '0000-00-00',
  face varchar(50) NOT NULL default '',
  info text NOT NULL,
  PRIMARY KEY   (id)
);
```

```
-SQL 查询:-
CREATE TABLE `guestbook` (
  `id` INT( 10 ) NOT NULL ,
  `classid` INT( 11 ) NOT NULL DEFAULT '0',
  `username` VARCHAR( 50 ) NOT NULL ,
  `pubtime` DATE NOT NULL DEFAULT '0000-00-00',
  `face` VARCHAR( 50 ) NOT NULL ,
  `info` TEXT NOT NULL ,
  PRIMARY KEY ( `id` )
) TYPE = MYISAM ;
```

[编辑] [创建 PHP 代码]

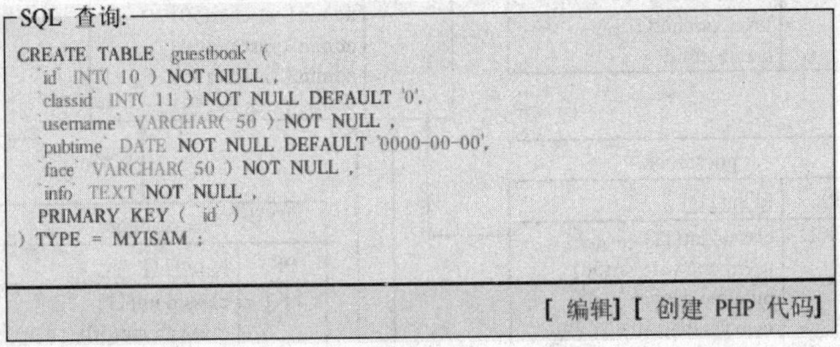

图 4-9　班级留言板 guestbook

（7）班级相册表的结构。

创建班级相册 album 代码参考下面，具体操作如图 4-10 所示。

```
CREATE TABLE album (
  id int(11) NOT NULL auto_increment,
  classid int(11) NOT NULL default '0',
  title varchar(50) NOT NULL default '',
  photo longblob NOT NULL,
  pubuser varchar(50) NOT NULL default '',
  pubtime datetime NOT NULL default '0000-00-00 00:00:00',
  PRIMARY KEY   (id)
);
```

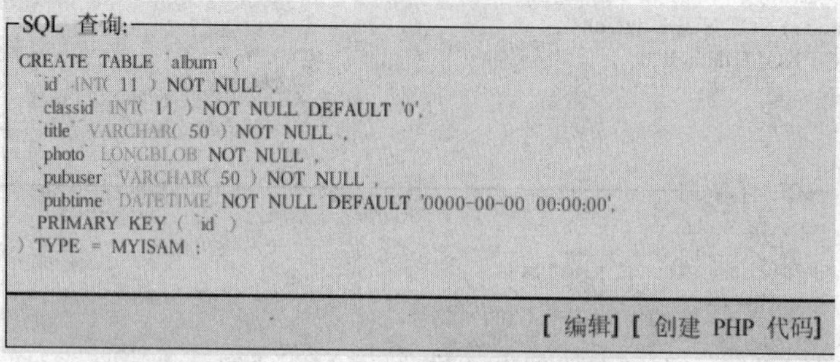

SQL 查询:
CREATE TABLE `album` (
`id` INT(11) NOT NULL ,
`classid` INT(11) NOT NULL DEFAULT '0',
`title` VARCHAR(50) NOT NULL ,
`photo` LONGBLOB NOT NULL ,
`pubuser` VARCHAR(50) NOT NULL ,
`pubtime` DATETIME NOT NULL DEFAULT '0000-00-00 00:00:00',
PRIMARY KEY (`id`)
) TYPE = MYISAM ;
[编辑] [创建 PHP 代码]

图 4-10　班级相册表 album

（8）同学录系统数据表间关系。如图 4-11 所示。

user
PK
id int(11)
username varchar(50)
password varchar(50)
realname varchar(50)
birthday varchar(100)
sex varchar(10)
blood_type varchar(20)
native_place varchar(100)
hobby varchar(100)
mail varchar(255)
qq varchar(50)
homepage varchar(255)
mobile varchar(100)
tel varchar(100)
address varchar(255)
zip varchar(20)
words varchar(255)
level varchar(10)
create_time
user_class
PK
id int(11)
FK1,FK2
classid int(11)
userid int(11)
class
PK
id int(11)
schoolprovince varchar(50)
schoolcity varchar(50)
schoolname varchar(50)
classname varchar(50)
creater varchar(50)
createtime date
admin1 varchar(50)
admin2 varchar(50)
admin3 varchar(50)
words varchar(255)
guestbook
PK
id int(11)
FK1
classid int(11)
username varchar(50)
pubtime date
face varchar(50)
info text
reading
PK
id int(11)
FK1
classid int(11)
title varchar(50)
pubtime date
pubuser varchar(50)
context text
message
PK
id int(11)
FK1
classid int(11)
title varchar(255)
context text
senderid int(11)
sendername varchar(50)
toid int(11)
toname varchar(50)
pubtime date
isread int(1)
album
PK
id int(11)
FK1
classid int(11)
title varchar(50)
photo longblob
pubuser varchar(50)
pubtime datetime

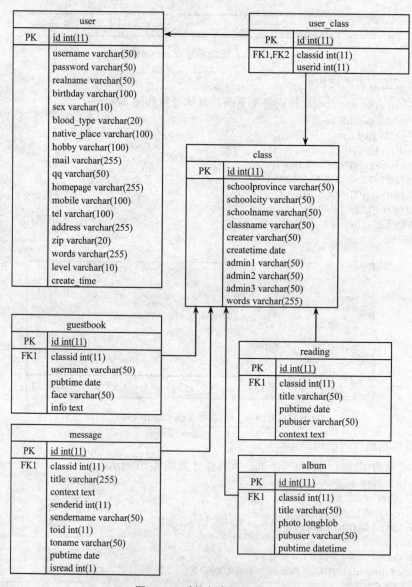

图 4-11　系统各表间关系

4.3 同学录系统框架设计

任务1　Linux 中 PHP 工具软件 Zend Studio 的安装使用

【任务描述】

在 Linux 中使用 PHP 开发设计网站或者系统都需要编辑软件,本任务要求在 Linux 上安装 Zend Studio 软件。

【任务分析】

Zend Studio 是一个屡获大奖的专业 PHP 集成开发环境,具备功能强大的专业编辑工具和调试工具,支持 PHP 语法加亮显示,支持语法自动填充功能,支持书签功能,支持语法自动缩排和代码复制功能,内置一个强大的 PHP 代码调试工具,支持本地和远程两种调试模式,支持多种高级调试功能。

【实施步骤】

(1) 从 Windows 中将安装软件 ZendStudio-5_5_1.tar.gz 放到共享文件夹 share 中。

(2) 解压缩 ZendStudio-5_5_1.tar.gz 到目录/usr/local 目录下。

(3) 切换目录到/usr/local 下执行./ ZendStudio-5_5_1.bin。

(4) 按提示的安装步骤进行安装。

任务2　系统公共文件编写

【任务描述】

(1) 系统配置文件 config.inc.php。

(2) 数据库连接文件 dbconnect.inc.php。

(3) 顶部文件 head.inc.php,完成后效果参考图 4-12。

(4) 底部文件 footer.inc.php,完成后效果参考图 4-12。

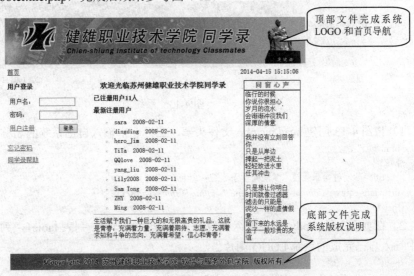

图 4-12　系统首页

（5）左侧导航文件 left.inc.php。

【任务分析】

系统公共文件是指在系统多个页面中都需要使用的文件，如顶部和底部文件，为了保证网站的风格统一，基本上都要使用同样的顶部和底部文件，为了避免重复编写，在系统开始时先把公共文件编写完成，方便后面使用。

【实施步骤】

（1）系统配置文件 config.inc.php 中设置的变量包括系统服务器名、登录用户名、密码以及数据库名等。

```
<?php
//配置全局变量
$DBHOST="127.0.0.1";
$DBUSER="root";
$DBPWD="123";
$DBNAME="class";
$NAME="苏州健雄职业技术学院同学录";
$ADMIN="admin@苏州健雄职业技术学院-软件与服务外包学院.com"
?>
```

（2）数据库连接文件 dbconnect.inc.php，实现数据库连接。每次连接数据库时调用该文件，不用重复编写代码。

```
<?php
mysql_connect($DBHOST,$DBUSER,$DBPWD);
mysql_select_db($DBNAME);
?>
```

（3）顶部文件 head.inc.php 主要实现系统的顶部 LOGO 和导航功能，系统的顶部文件和底部文件的内容，很大程度决定了页面的样式和风格，被几乎所有的页面使用，效果如图 4-13 所示。因此，应将它们独立出来，避免重复同时方便修改。在其他页面需要时，用 include()或者 require()函数调用即可。顶部导航中主要是显示首页和日期时间，如果当前用户已经登录系统，则显示"我的同学录"链接。

图 4-13　系统顶部

1）按图 4-13 创建 head.inc.php 文件头部，在标题中输入自己系统的名称。

```
<html>
<head>
    <title>苏州健雄职业技术学院同学录系统 </title>
<meta http-equiv="Content-Type" content="text/html; charset=gb2312">
</head>
```

2）在页面主体<body>中先插入宽度为 778 像素的一行一列表 table1，列高为 120 像素，在表格中插入自己完成的系统 LOGO 图片。

```
<body>
<table width="778" border="0" cellpadding="0" cellspacing="6">
```

3）在 table1 下方插入宽度为 778 像素一行一列的表 table2，列高为 10 像素，在 table2 中再插入表 table3，宽度为 776，table3 设计为 1 行 2 列，第 1 列显示"首页"并超链接到 index.php，第 2 列显示系统当前时间，用到函数 date()。

```
<table width="778" border="0" cellpadding="0" cellspacing="0">
    <tr>
        <td height="10" align="center">
<table width="770" border="0" cellpadding="0" cellspacing="6" bgcolor="#5CACEE">
    <tr>
        <td align="left"><a href="index.php">首页</a>
        <?if( $_SESSION["login"]=="1" )
        {?>
        —<a href="login.php">我的同学录</a>
        <?}?>
        </td>
        <td align="right">
        <?php $datetime = date("Y-m-d H:i:s");
        echo $datetime;?>
        </td>
```

（4）底部文件 footer.inc.php 主要包含系统的版权信息，参考效果如图 4-14 所示。

&Copyright 2014 苏州健雄职业技术学院-软件与服务外包学院 版权所有

图 4-14 系统底部文件

1）先插入宽度为 778 像素 1 行 1 列的表 table1，在 table1 插入高度为 42 像素 1 行 1 列表 table2，在表格居中显示系统版权所有的信息。

2）版权所有的字体大小、颜色、图片自己设计。

3）输入 </body> 结束页面主体设计，再输入 </html> 结束整个页面。

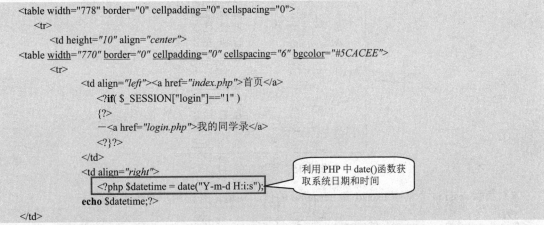

（5）左侧导航文件 left.inc.php 实际上是班级首页的班级工具栏，如图 4-15 所示，左侧导航文件涵盖了系统班级模块几乎所有的功能链接，并在每个与班级功能相关的页面左侧显示，每个班级功能页面通过调用该文件实现"班级工具箱"的链接显示。

在该文件中，可以通过链接很清楚地实现各功能的文件是什么。其中，【发短信息】等属于系统班级模块功能，而【修改资料】、【修改密码】和【我的名片】属于系统用户模块的功能。【班级管理】链接只有各班级的管理员才能打开。模块功能，而【修改资料】、【修改密码】和【我的名片】属于系统用户模块的功能。【班级管理】链接只有各班级的管理员才能打开，完成后的界面如图 4-15 所示。

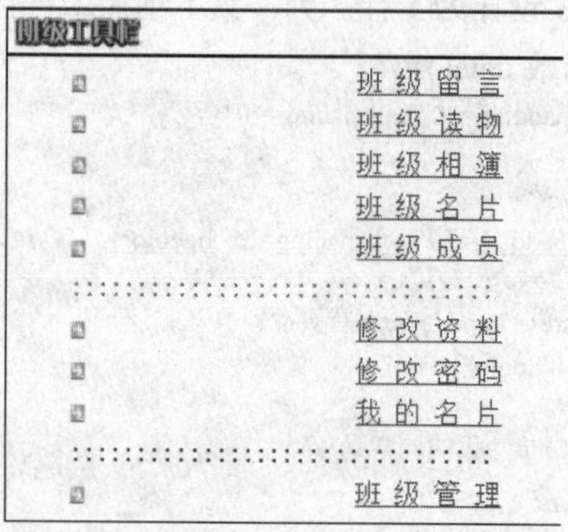

图 4-15 系统左侧导航

1) 获取 session 会话中 userid 和 uername 的值，知道是哪位用户登录系统。

```
<?
include("config.inc.php");//包含系统配置文件 config.inc.php

$classid= $_GET["classid"];//获取地址栏传递的参数 classid
$id=$_SESSION["userid"];//从 session 中获取 userid 的值
$username=$_SESSION["username"];//从 session 中获取 username 的值
?>
```

2) 插入 1 列，宽度为 140 像素；在这列插入表 table1，宽度为 98%，table1 设置为 3 行 1 列。在第 1 行中插入 2 行 1 列表 table2，宽度为 98%，表格的边框颜色等可以根据自己系统的风格来设置。在 table2 中第 1 行插入图片，图片大小可参考下面代码设置。

```
<td width="140" valign="top" align="center">
<table width="98%" border="0" cellspacing="0" cellpadding="3">
 <tr><!--第一行-->
    <td valign="top" align="center">
    <table width="98%" border="1" cellspacing="0" cellpadding="3" bordercolorlight="#4876FF" bordercolordark="#4876FF">
       <tr>
       <td><img src="images/tools1.gif" width="79" height="19"></td>
       </tr>
       <tr>
<td valign="top" align="center">
```

3) 在 table2 中第 2 行插入 11 行 2 列的表 table3，宽度为 95%，其中每行的内容可参考左侧导航效果图来设计完成。

```
<td valign="top" align="center">
<table width="95%" border="0" cellspacing="0" cellpadding="3">
<tr>
    <td><img src="images/icon2.gif" width="10" height="11"></td><td> <a href="sendmsg.php?classid=<?echo $classid?>">班 级 留 言</a></td>
</tr>
```

相关页面名称：
班级留言-----*guestbook.php*
班级读物-----*classreadings.php*
班级相簿-----*classphotos.php*
班级名片-----*classcards.php*
班级成员-----*classmate.php*
修改资料-----*userinfo.php*
修改密码-----*userpwd.php*
我的名片-----*usercard.php*
班级管理-----*classadmin.php*

4）表 table1 的第 2 行显示"你好 xxx"，具体链接留着后面设置。

```
</table></td>
   </tr>
      </table>
   </td>
      </tr>
      <tr><!--第一行-->
<td align="center">你好，<?php echo $_SESSION["username"] ?>！</td>
      </tr>
   </table>
</td>
```

【项目相关知识点】

1. HTML 网页设计的基本概念

HTML（Hypertext Markup Language，超文本标记语言）是一种用来制作超文件文档的简单标记语言。HTML 文档是由 HTML 元素组成的文本文件，它能独立于各种操作系统平台进行浏览。自 1990 年以来，HTML 就一直被用作 WWW（World Wide Web，万维网）的信息表示语言，用于描述网页的格式设计和它与 WWW 上其他网页和文件的链接信息。使用 HTML 语言描述的文件，需要通过网页浏览器显示出效果。HTML 是一切网页实现的基础，在网络中浏览的网页都是一个个的 HTML 文件，这些网页中可以包含有文字、图片、动画和声音，还可以从当前文件跳转到另一个文件，与网络中世界各地主机上的文件相连接，故称为超文本文件。

2. HTML 文件结构

一般 HTML 文档的格式如下：

```
<html>
   <head>
      文件头信息
   </head>
   <title>
      标题
   </title>
   <body>
      在浏览器中显示的 HTML 文件的正文
   </body>
</html>
```

HTML 文档中，第一个标记是<html>，告诉浏览器这是 HTML 文档的开始。</html>表示文档的结束。在<head>和</head>标记之间的文本是文件头信息，在浏览器窗口中，文件头信息是不被显示的。利用文件头部分可以使用一些专用的标记来记载信息。<title>和</title>标记用来定义显示在浏览器标题栏中的内容。<body>和</body>标记用来定义显示在浏览器窗口中的内容。

3. HTML 标记

一个 HTML 文件包含了一些特殊的标记来告诉浏览器应该如何显示文本、图像以及网页的背景，被称为 HTML 标记。常用的 HTML 标记包括文字标记、图像标记、表格标记、超级链接标记、框架标记和表单标记。

（1）文字标记。

font 标记是关于文字的标记，包括字体、字号、颜色、字型等的变化，适当的应用可以使页面更加美观。

<b></b>将所夹内容显示为粗体。

<i></i>将所夹内容显示为斜体。

<u></u>将所夹内容加上下划线。

font 标记有 3 个属性：face、color 和 size。font 正是通过这 3 个标记来控制所夹文字的显示效果。

face：设置字体，如<font face="黑体">欢迎光临</font>，"欢迎光临"将显示为黑体字体。

size：设置文字的大小，取值范围从 1～7。<font size=7>欢迎光临</font>，"欢迎光临"将显示为最大。

color：设置字体颜色，如<font color="blue">欢迎光临</font>，"欢迎光临"将显示为蓝色。

font 标记的 3 个属性可以自由组合使用，没有先后顺序。

（2）图像标记。

图像可以使用页面更加生动美观、富有生机。Web 浏览器可以显示为 GIF、JPEG 和 PNG 三种格式的图像。其中 GIF 图像最多只能使用 256 种颜色，而 JPEG 格式可保存为 24 位，能显示 1024×1024×1024 种颜色，对具有连续色调的图像最为有效。PNG 是便携网络图像文件格式，它是无损压缩，它具有 8 位、24 位和 32 位三种。虽然 GIF 图像在图像质量上不及 JPEG 图像，但其所占存储空间小，下载速度快。因此应视不同情况而决定应使用哪种格式的图像。

插入图像语法为：<img src="URL" align="value1" vspace="value2" hspace="value3">

在 HTML 文档中插入图像是通过<img>标签来实现的，该标签共有 9 个属性，除属性 src 是不可缺省的以外，其他属性为可选项。如表 4-8 所示为图像标记属性。

表 4-8 图像标记属性

属性	说明
src	设定图片所在的位置及文件名
align	用来调整图片周围的文字与图片之间的对齐方式
border	设定图片的边框
vspace	设定图片、文字与图片上下之间的间隔
hspace	设定图片、文字与图片左右之间的间隔
width	调整图片的宽度
height	调整图片的高度
alt	当浏览器无法显示图片时，会显示出 alt 属性所设定的文字

（3）表格标记。

通过表格可以将数据内容分门别类显示出来，从而使网页显得整齐美观。表格由<table></table>标记所构成。<table>标记还有很多属性用来控制表格的显示效果，如下表 4-9 所示为表格标记属性。

表 4-9　表格标记属性

表格标记属性	说明
<table>	<table>用来声明表格的开始，并定义整个表格的属性。</table>用来声明表格的结束
align	指定表格的对齐方式 align="left"：表格向左对齐 align="center"：表格居中 align="right"：表格向右对齐
width	指定表格宽度，可以使用百分比或者像素。百分比是以浏览器窗口的大小为基准，100%表示充满整个浏览器窗口
height	指定表格高度，可以使用百分比或者像素。百分比是以浏览器窗口的大小为基准，100%表示充满整个浏览器窗口
border	用来设置表格边框线的宽度，数值越大，表格边框线越粗。如果省略 border 或者设 border=0 则表示不显示表格的边框线
<tr>	<tr>用来声明表格中的一行，每出现一对<tr></tr>，表格中就会增加一行
<td>	<td>用来表明表格中的单元格，每出现一对<td></td>，表格中就会增加一个单元格
colspan	指定单元格所占的列数，如 colspan=2 表示单元格占 2 列宽度
rowspan	指定单元格所占的行数，如 rowspan=2 表示单元格占 2 行
<th>	th 作用和<td></td>相同，但是用<th></th>声明的单元格中的内容自动显示为粗体居中
Cellpadding	属性设置单元格内容与单元格边界之间的距离
Cellspacing	属性设置单元格之间的距离
bgcolor	属性设置表格的背景颜色
background	设置表格的背景图片

（4）超级链接标记。

HTML 最显著的优点就在于它支持文档的超链接，可以很方便地在不同文档以及同一文档的各段段落之间跳转。HTML 是通过链接标签<a>来实现超链接的。链接标签<a>是成对标签，首标签<a>和尾标签</a>之间的内容就是锚标。<a>标签有一个不可缺省的属性 href，用于指定链接目标点的位置。

超级链接标记语法形式：
　　<a href=>"URL" name="bookmarkname" target="position">…链接文字或图片…</a>

说明：
　　<a>~</a>标记为双标签。
　　URL 网络资源参数可为以下内容：网页、网站、下载文件、同一文件内设定的书签。
　　position 属性：设定网页的放置位置。
　　target="framename"：运用于框架网页中，若被设定则链接结果将显示于该"框窗名称"的框窗中，框窗名称是事先由框架标记所命名。
　　target="_self"：将链接的网页内容，在本窗口中显示（默认值）。

target="_blank"或 target="new"：将链接的网页内容，在新的窗口中显示。

target="_top"：将框架中链接的网页内容，显示在没有框架的窗口中。

target="_parent"：将链接的网页内容，当成文件的上一级网页。

4.4 用户注册模块

任务 1　编写用户注册用户名文件 reguser.php

【任务描述】

在系统首页中单击用户注册链接，实现系统用户注册功能，该功能由 reguser.php、reginfo.php、regok.php 三个文件实现。用户注册步骤如下：第一步填写注册用户名，若用户名合法，则进入用户信息填写页面，否则重填用户名；第二步填写用户详细信息，若用户信息填写无误，则用户注册成功，系统提示已填用户信息，否则，提示注册失败。

【任务分析】

用户注册用户名文件 reguser.php 页面要完成查询系统中已注册用户名是否与新注册名相同，若存在相同的注册名，则提示用户名已经存在，需要重新填写用户名。否则，用户名注册成功，进入下一步用户详细信息填写，页面可参考图 4-16。

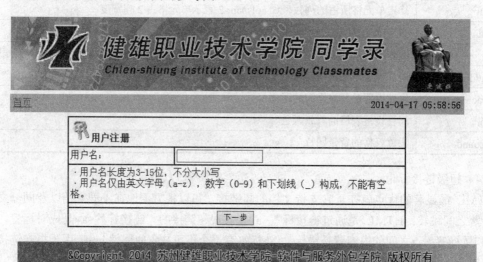

图 4-16　注册用户名界面

【实施步骤】

（1）利用 include 函数调用系统公共顶部文件，即<?include "head.inc.php"?>。

（2）插入 1 行 1 列表格 table1，宽度为 778 像素，居中显示，在 table1 中插入表单 form，设置如下：

```
<table width="778" border="0" cellpadding="0" cellspacing="6">
<tr><td>
<form name="form" method="post" action="reguser.php?do=1"
onSubmit="return Juge(this)">
```

注意：this 代表该 form 对象。如果 Juge 函数返回 true 则提交，反之取消提交操作，这种情况大多用在对用户所填写的数据进行验证，然后根据结果来决定是否提交。

（3）在表单 form 中插入 5 行 2 列表 table2，宽度为 75%，居左显示，第 1 行合并 2 列，显示"用户注册"并插入适当的图片。

```
<table width="75%" border="1" align="center" cellpadding="3" cellspacing="0" >
  <tr>
  <td colspan="2" align="left"><img src="images/register.gif">
  <b>用户注册</b>
  </td>
  </tr>
```

（4）在第 2 行第 1 列输入"用户名："列宽度 20%，第 2 列宽度 43%，插入文本框，文本框名称为"username"，文本框大小可以自己调整。

```
<tr>
    <td width="20%">用户名：</td>
    <td width="43%">
      <input type="text" name="username" class="text"><br>
    </td>
 </tr>
```

（5）在第 3 行合并 2 列后，输入"用户名长度为 3-15 位，不分大小写""用户名仅由英文字母（a-z），数字（0-9）和下划线（_）构成，不能有空格。"

```
<tr>
    <td colspan="2"><font color="green">·</font>用户名长度为 3-15 位，不分大小写<br>
    <font color="green">·</font>用户名仅由英文字母（a-z），数字（0-9）和下划线（_）构成，不能有空格。
    </td>
</tr>
```

（6）在第 4 行显示用户名是否存在，如果存在就显示"用户名已经存在"，如果不存在就跳转到用户信息填写页面。

```
<tr>
  <td colspan="2"><font color="red"><?echo $message;?></font></td>
</tr>
```

（7）在第 5 行合并 2 列后插入提交按钮，按钮的值为"下一步"；

```
<tr>
    <td colspan="2" align="center">
       <input type="submit" name="Submit" value="下一步" class="text">
     </td>
</tr>
```

（8）利用 include 函数调用系统公共底部文件，即<?include "footer.inc.php"?>。

（9）编写 javascript 脚本，验证用户表单提交信息填写是否正确。将 javascript 脚本代码添加到<?include "head.inc.php"?>前面。

1）如果没有输入用户名点击"下一步"，提示"请输入用户名"，如图 4-17 所示。
参考代码如下：

```
<script language="JavaScript">
<!--
function Juge(theForm)
{
  if (theForm.username.value == "")
   {
     alert("请输用户名！");
```

```
        theForm.user_new_id.focus();
        return (false);
      }
   }
-->
</script>
```

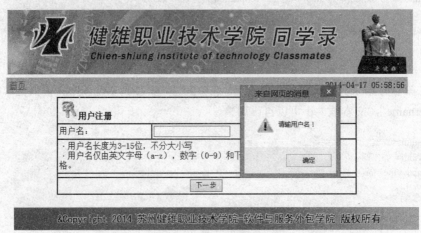

图 4-17　验证用户名不为空

2）如果输入的用户名长度小于 3 或者大于 15，则提示用户"你的用户名太短了！"或者"你的用户名太长了"，请参考上面的代码完成，效果如图 4-18 所示。

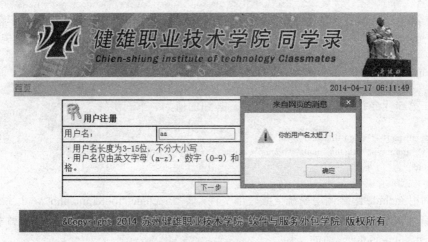

图 4-18　验证用户名长度

参考代码如下：

```
if (theForm.username.value.length < 3 || theForm.username.value.length > 15)
  {
    if(theForm.username.value.length < 3)alert("你的用户名太短了！");
    if(theForm.username.value.length > 15)alert("你的用户名太长了！");
    theForm.username.focus();
    return (false);
  }
```

（10）表单提交后由 PHP 服务器端脚本语言处理，因此需要编写 PHP 验证用户填写的用户名是否和数据库中已经存在的用户名相同，如果不同则调转到用户信息填写页面 reginfo.php，如果用户名已经存在则在页面的 table2 的第 4 行显示"用户名已经存在"，如图 4-19 所示。

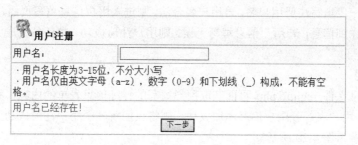

图 4-19　验证用户名是否存在

1）导入数据库 class，将数据库脚本文件 class.sql 复制到/root 目录下，进入 MySQL，创建数据库 class，打开数据库 class，使用命令：source /root/class.sql。（注意启动 MySQL 服务）

2）在 reguser.php 页面的开始分别调用系统配置文件和数据库文件，如下所示：

```
<?
session_start();
include("config.inc.php");
include("dbconnect.inc.php");
```

3）判断用户是否提交表单，如果提交表单判断用户名是否为空，如果不为空则获取用户名的值与数据库中表 user 的 username 值进行比较，如果相同说明用户名已经存在，利用变量$message 显示"用户名已经存在"，如果不相同用户名注册成功，调转到 reginfo.php 填写详细信息。

```
if($_GET["do"] == "1")
{
    if ($_POST["username"]!="")
    {
        $name = $_POST["username"];//获取表单中文本框 username 的值赋
        $sql="select * from user where username='{$name}'";//select 语句赋值给某个字符串变量
        $count = mysql_query($sql);//执行 SQL 语句
        $num =mysql_num_rows($count);//将执行后记录的行数赋值给某个变量
        $message = "";
        if ($num!=0) //如果行数不为 0 说明用户名已经存在
{
        $message .= "用户名已经存在！<br />";//通过变量 message 显示出来
}
        else
        {
            if($message == "")
            {
                header("Location:reginfo.php?username=$name");
                exit;
            }//否则，用户名不存在可以调转到 reginfo.php 页面
        }
    }
}
?>
```

任务2 编写用户注册信息文件 reginfo.php

【任务描述】

用户注册第一步填写注册用户名,若用户名合法,则进入用户信息填写页面,否则重填用户名;第二步填写用户详细信息,若用户信息填写无误,则用户注册成功。本任务完成用户注册信息填写文件。

【任务分析】

用户注册信息文件 reginfo.php 页面获取用户填写的详细信息表单的内容,将用户详细信息通过 SQL 语句写入用户表,若用户信息添加成功,则将页面跳转至用户注册成功页面,失败则显示错误信息,页面参考图 4-20 所示。

图 4-20 用户注册信息页面

【实施步骤】

(1)调用系统顶部文件,即<?include "head.inc.php"?>。

（2）插入 1 行 1 列的表 table1，宽度为 778 像素，无边框，在 table1 中插入表单。

```
<table width="778" border="0" cellpadding="0" cellspacing="6" >
<tr><td>
<form method="post" action="reginfo.php?do=1" onSubmit="return Juge(this)">
```

（3）在表单中插入 2 行 1 列表 table2，宽度为 550 像素，无边框，居中显示。第 1 行显示"用户注册"。第 2 行显示"欢迎您，xxxx！ 为了方便您的同学与您联系，请您认真填写下面的个人信息，带*的为必填信息。"其中，xxxx 为刚才注册成功的用户名，如图 4-20 所示。

```
<table width="550" border="0" cellspacing="2" cellpadding="2" align="center" style="font-size:14">
    <tr>
     <td align="center"><b><font color="#458B00">用户注册</font></b></td>
    </tr>
    <tr>
     <td>欢迎您，<?echo $username;?>！ <br>
     为了方便您的同学与您联系，请您认真填写下面的个人信息，带<font color="red">*</font>的为必填信息。</td>
     </tr>
</table>
```

（4）在 table2 下方插入 18 行 2 列的表 table3，宽度 550 像素，边框为 1 像素，居中显示。第 1 行第 1 列显示"用户名："第 2 列显示 xxxx。如果需要修改可以返回上一页修改。

```
<table width="550" border="1" cellspacing="0" cellpadding="2" align="center" style="font-size:12">
    <tr><td  align="center"> 用 户 帐 号 :</td><td><?echo $username;?><input type="hidden" name="username" value="<?echo $username;?>"><font color="red">*(若要修改请点击<a href="javascript:history.back(1)">返回</a></font></td></tr>
    <tr>
     <td width="30%">
       <div align="center">密码：</div>
     </td>
     <td>
       <input type="password" name="userpass1" size="16" ><font color="red">*(英文、数字或下划线，长度在 3~20 之间)</font>
     </td>
    </tr>
```

（5）其他的文本域请参考界面完成。

```
    <tr>
     <td width="30%"><div align="center">确认密码：</div>
     </td>
     <td>
       <input type="password" name="userpass2" size="16" ><font color="red">*(英文、数字或下划线，长度在 3~20 之间)</font>
     </td>
    </tr>
    <tr>
     <td colspan="2"><div align="center"><b>个人真实资料</b></div>
     </td>
    </tr>
```

（6）其中用户生日中年插入文本域由用户自己输入后 2 位，月插入选择列表标签，按下面设置每项的值，日的设置方法同月一样（思考：如何用简单的方法完成年月日中日的下拉列表显示）。

```
    <tr>
     <td width="30%">
       <div align="center">生日：</div>
     </td>
     <td>
```

```
            <input type="text" name="useryear" maxlength="4" size="5" value="19">
          年
          <select name="usermonth">
            <option value="01">01</option>
            <option value="02">02</option>
            <option value="03">03</option>
            <option value="04">04</option>
            <option value="05">05</option>
            <option value="06">06</option>
            <option value="07">07</option>
            <option value="08">08</option>
            <option value="09">09</option>
            <option value="10">10</option>
            <option value="11">11</option>
            <option value="12">12</option>
          </select>月
```

（7）表单中其他项设置均可参考上面的设置，注意请按要求给表单中的域命名。

（8）调用系统底部文件 footer.inc.php，结束 reginfo.php 中页面的设置。

（9）编写 JavaScript 代码验证带*号填入信息是否正确，将代码插入到调用的系统顶部文件下方，具体见图 4-21 至图 4-27 所示。

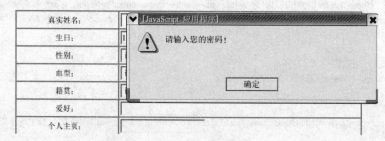

图 4-21　验证密码是否为空

图 4-22　验证确认密码是否为空

图 4-23　验证密码长度

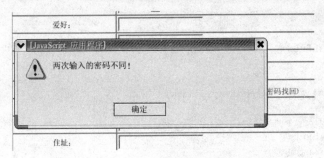

图 4-24　验证两次密码是否相同

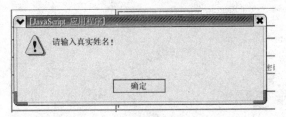

图 4-25　验证真实姓名是否为空

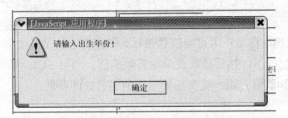

图 4-26　验证出生年份是否为空

图 4-27　验证性别是否为空

参考下面代码完成验证功能：

```
<script language="JavaScript">
<!--
function Juge(theForm)
{
  if (theForm.userpass1.value == "")
  {
    alert("请输入您的密码！");
    theForm.userpass1.focus();
return (false);
}//验证用户输入密码是否为空
if (theForm.userpass1.value.length <3 || theForm.userpass1.value.
length >20)
```

```
        {
            alert("密码长度不正确！");
            theForm.userpass1.focus();
            return (false);
        }//验证密码长度
        if (theForm.userpass1.value != theForm.userpass2.value)
        {
            alert("两次输入的密码不同！");
            theForm.userpass1.focus();
            theForm.userpass2.focus();
            return (false);
        }//验证两次输入密码是否为空
    if (theForm.useryear.value == "19" || theForm.useryear.value == "")
        {
            alert("请输入出生年份！");
            theForm.useryear.focus();
            return (false);
        }//验证是否输入年份
        if (theForm.usersex.value == "请选择")
        {
            alert("请选择性别！");
            theForm.usersex.focus();
            return (false);
        }//验证是否选择性别
```

（10）编写 PHP 代码，将用户填写的信息保存到数据库 user 表中。首先连接数据库，如果 do 的值为 1，表示用户提交表单，然后获取表单中各域的值，利用 SQL 语句将数据写入表 user。请注意：年月日的值获取和赋值，用户提交注册信息的当前时间获取。

1）连接数据库。

```
<?
session_start();
include("config.inc.php");
include("dbconnect.inc.php");
```

2）获取表单信息。

```
$username = $_GET["username"];
if($_GET["do"] == "1")
{
$username=$_POST["username"];
$password=$_POST["userpass1"];
$realname=$_POST["realname"];
$birthday=$_POST["useryear"]."年".$_POST["usermonth"]."月".$_POST["userday"] ."日";
$sex=$_POST["usersex"];
$native_place=$_POST["userfrom"];
$hobby=$_POST["userhobby"];
    $qq=$_POST["userqq"];
$usermail=$_POST["usermail"];
$mobile=$_POST["usermobi"];
$address=$_POST["useraddr"];
$zip=$_POST["userzip"];
$words=$_POST["userwords"];
$datetime = date("Y-m-d H:i:s");
```

3）将用户信息插入 class 数据库 user 表中对应字段保存。

```
$sql ="INSERT INTO 'user' ( 'id' , 'username' , 'password' , 'realname' , 'birthday' , 'sex' , 'native_place' , 'hobby' , 'mail' , 'qq' ,
```

'mobile' , 'address' , 'zip' , 'words' , 'level' , 'create_time') ";
    $sql .="VALUES (", '{$username}', '{$password}', '{$realname}', '{$birthday}', '{$sex}', '{$native_place}', '{$hobby}', '{$usermail}', '{$qq}', '{$mobile}', '{$address}', '{$zip}', '{$words}', ' user', '{$datetime}')";

4）添加成功后显示"添加完成"，否则显示"添加失败，数据库错误"。
```
if(mysql_query($sql))
    {
        $message = "添加完成";
        $id = mysql_insert_id();
        header("Location:regok.php?username=$username");
    }
    else
    {
        $message = "添加失败，数据库错误";
    }
}
?>
```

任务3　编写用户注册完成文件 regok.php

【任务描述】

当用户注册成功后，告知用户"您已注册成功"，并以表格的形式把用户用户注册填写的信息显示出来。

【任务分析】

用户注册完成文件 regok.php 页面完成用户注册信息写入数据库后，显示注册成功，并显示注册信息，效果如图 4-28 所示。

图 4-28　注册成功

【实施步骤】

（1）调入系统头部文件，即<?include "head.inc.php"?>。

（2）插入表格 table1，宽度为 778 像素，在 table1 中插入表 table2，宽度为 550 像素，插入一行一列表格显示"恭喜你，您已经注册成功！"。

```
<table width="778" border="0" cellpadding="0" cellspacing="6" >
<tr>
<td>
  <table width="550" border="0" align="center" cellpadding="3" cellspacing="0">
  <tr><td colspan="3">
      <div align="center"><b><font color="#458B00">恭喜您！您已注册成功！</font></b></div>
    </td>
  </tr>
</table>
```

（3）在表 table2 的下面插入 13 行 2 列的表 table3，宽度 550 像素，居中，该表用于显示刚才用户注册信息。

```
<table width="550" border="1" align="center" cellpadding="3" cellspacing="0">
  <tr>
    <td colspan="3" height="30"> 以下是您的注册资料:</td>
  </tr>
  <tr>
    <td width="19%">
      <div align="center">用户帐号： </div>
    </td>
    <td width="54%"> <?echo $username;?></td>
  </tr>
```

（4）在 table3 的下面插入 table4，表 4 用于显示"创建班级"、"返回首页"的超链接。

```
<table width="550" border="0" align="center" cellpadding="3" cellspacing="0" >
  <tr>
    <td colspan="3" align="center"><a href="login.php">创建班级</a>  <a href="index.php">返回首页</a></td>
  </tr>
</table>
```

（5）调用底部文件，即 <?include"footer.inc.php";?>。

（6）连接数据库，执行 SQL 语句从数据库中查询刚注册的用户信息。

```
<?
session_start();
include("config.inc.php");
include("dbconnect.inc.php");

$username=$_GET["username"];
$_SESSION["username"]=$username;

$sql = "select * from user where username='{$username}'";
$res = mysql_query($sql);
$row=mysql_fetch_array($res);
?>
```

【项目相关知识点】

1. 超全局变量

超全局变量是在任何范围内自动生效，不需要用户定义的变量。常用超全局变量有：

- $_GET：经由 URL 请求提交至脚本的变量；
- $_POST：经由 HTTP POST 方法提交至脚本的变量；
- $_SESSION：包含与所有会话变量有关的信息，用户可以在整个网站中访问这些会话信息，而无须通过 GET 或 POST 显示的传递数据。

利用它们可以很方便地在不同文件之间传递变量，共享数据。

2. PHP 页面调转三种方式

（1）使用 PHP 自带函数 header（"Location:网址"），需要注意几点：location 和 ":" 之间不能有空格，否则会出错。该语句要放在网页开始的时候，放在 body 里或后面都会出错。

（2）利用 meta，即 echo "<meta http-equiv=refresh content='0;url=网址'>";说明没有方法一的限制，但是如果前面有输出，则输出的内容会闪烁一下然后进入跳到的页面。

（3）利用 javascript 语言：

```
echo "<script language='javascript'>";
echo "location='网址'";
echo "</scriot>";
```

4.5 用户登录模块

任务　编写系统首页文件 index.php

【任务描述】

用户注册成功后就可以登录系统进行相关操作，接下来需要实现用户登录功能，本系统用户登录功能是放于系统首页的一部分，因此这里先设计实现系统首页。

【任务分析】

系统首页调用系统头部和底部文件构成，中间部分包含左侧用户登录，中间注册人数统计以及最新注册用户信息，右侧是励志的短诗，其中页面效果可以参考图 4-29，也可以根据自己的风格设计系统首页。

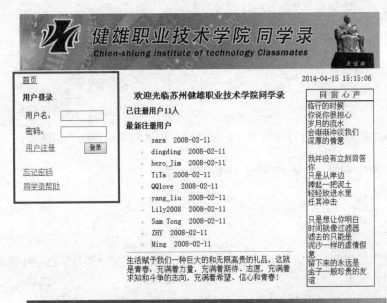

图 4-29　系统首页

【实施步骤】

（1）调用系统顶部文件 head.inc.php，即<? include("head.inc.php");?>。

（2）插入 1 行 3 列表 table1，宽度 778 像素，居中显示，无边框。

```
<table width="778" border="0" cellpadding="0" cellspacing="6">
```

（3）第 1 列垂直方向布局为"top"，在第 1 列插入 4 行 1 列的表 table2，宽度 200 像素，无边框。在 table2 的第 1 行显示"用户登录"。

```
<tr>
    <td valign="top">
    <table width="200" border="0" cellspacing="0" cellpadding="6">        <tr>
        <td><b>用户登录</b></td>
    </tr>
    <tr>
```

（4）在 table2 的第 2 行插入表单，表单提交给 index.php 处理，并设置 do 等于 1，表单提交方式为 POST。在表单中再插入 4 行 2 列的表 table3，table3 中具体内容如下：

```
<td valign="top">
    <form   action="index.php?do=1" method="post">
        <table cellSpacing="0" cellPadding="6" border="0">
<tr>
<td>用户名：</td><td><input type="text" size="12" name="username"></td>
</tr>
<tr>
<td>密码：</td>
<td><input type="password" size="12" name="password"></td>
</tr>
<tr>
    <td ><a href="reguser.php">用户注册</a></td><td align="right">
        <input type="submit" value="登录"></td>
</tr>
<tr>
<td colspan="2"><font color="red"><?echo $message?></font></td>
</tr>
        </table>
    </form>
</td>
</tr>
```

（5）在 table2 的第 2、3 行分别设置"忘记密码"和"同学录帮助"超链接。

```
<tr>
    <td><a href="getpwd.php?getpage=mainpage">忘记密码</a></td></tr>
<tr>
    <td><a href="help.php">同学录帮助</a></td>
</tr>
</table>
</td>
```

（6）系统首页左侧部分完成，下面完成中间部分。系统首页中部显示已经注册用户人数和最新注册的 10 位用户名单。

1）调用系统公共文件 dbconnect.inc.php 连接数据库。

```
<?
    session_start();
```

```
    include("config.inc.php");
    include("dbconnect.inc.php");
?>
```

2）在 table1 的第 2 列插入 1 行 1 列表 table4，宽度 100%。在 table4 中插入 5 行 1 列表 table5，宽度 90%，居中显示。第 1 行居中显示系统的标题"欢迎光临 XXXX 同学录"，第 2 行显示"已注册用户 XX 人"，第 3 行显示"最新注册用户"。

```
<td valign="top">
<table width="100%" border="0" cellspacing="0" cellpadding="0">
    <tr><td>
<table width="90%" border="0" cellspacing="0" cellpadding="3" align="center">
    <tr><td align="center"><h3>欢迎光临<?echo $NAME;?></h3></td></tr>
<?php
    $count = mysql_query("select * from user ");//查询表 user 中所有记录，将查询语句赋值给变量，并执行 SQL 语句；
    $alluser =mysql_num_rows($count);//得到查询记录的个数（行数）赋值给变量$alluser；
?>
<tr><td><b>已注册用户<?echo $alluser;?>人</b></td></tr>
<tr><td><b>最新注册用户</b></td></tr>
```

3）第 4 行显示最新 10 个注册用户信息。

```
<?
$users = mysql_query("select * from user ORDER BY create_time DESC LIMIT 0 , 10");
    while($usersrow = mysql_fetch_array($users)) //查询表 user 中最新创建的 10 个用户，执行 SQL 语句；
    {
?>
<tr><td>    <img src="image/dot_green.png" width="5" height="5">  <?echo $usersrow["username"];?>
  <?echo $usersrow["create_time"];?></td></tr>
<?    } ?>
```

4）第 5 行可以插入图片或者励志诗句，或者感言等，丰富美化自己的首页。

（7）table1 的第 3 列显示内容可以自己定义，一首诗或者图片或者友情链接等。

（8）调用系统底部文件 footer.inc.php 完成页面设计，即<?include"footer. inc.php";?>。

（9）编写 PHP 代码实现用户登录功能，如果用户输入的用户名或密码为空，则应该显示"用户名不能为空"或"密码为空"，如图 4-30 所示。如果输入正确的用户名和密码可以通过 login.php 登录系统，如图 4-31 所示。 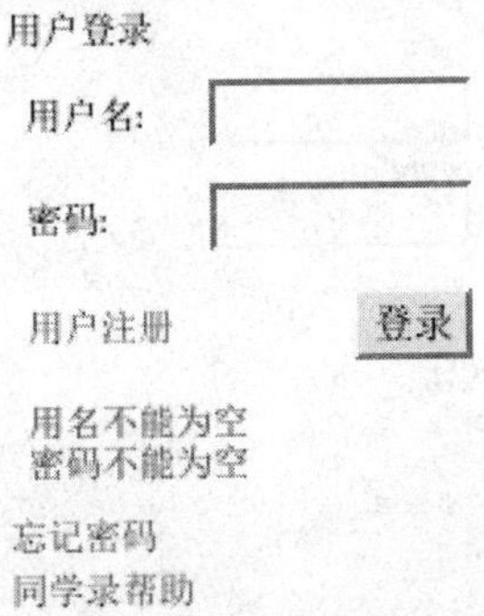

图 4-30 用户登录

图 4-31 用户首页

1）如果用户点击"登录"，首先验证用户名和密码是否为空，如果为空则在页面对应位置显示出来。

```php
if($_GET["do"] == "1")
{
    $username = $_POST["username"];
    $password = $_POST["password"];
    $message = "";
    if($username == "")
    {
        $message .= "用名不能为空<br />";
    }
    if($password == "")
    {
        $message .= "密码不能为空<br />";
    }
```

2）如果用户名和密码都不为空，根据用户名查询用户的信息，如果输入密码和数据库中的一致则可以登录，否则显示"用户名或密码错误"。

```php
if($message == "")
{
    $sql = "select * from user where username='{$username}' limit 1";
    if($res=mysql_query($sql))
    {
        $row = mysql_fetch_array($res);
        //if(md5($password) == $row["password"]) {
        if($password == $row["password"])
        {
            $_SESSION["login"]=1;
            $_SESSION["userid"]=$row["id"];
            $_SESSION["username"]=$username;
            header("Location:login.php");
            exit;
        }
        $message = "用户名或密码错误";
    }
    else
    {
```

```
            $message = "验证失败,数据库错误";
        }
    }
}
```

【项目相关知识点】

1. Session 介绍

Session 可以理解为在浏览某个网站时,在浏览器没有关闭的情形下,一个 Web 应用的开始和结束。Session 也是一种保存用户信息的机制,它是针对每一个用户的,变量的值保存在服务器端,一般用户无法直接访问到。

Session 的使用方法:

(1) 创建会话。

格式:session_start()

作用:是创建会话的开始,要使用 Session 就必须先执行这个函数。

(2) 创建 Session 变量。

格式:$_SESSION["var_name"]=string;

作用:创建一个变量并可以赋值。

(3) Session 变量的调用。

格式:$_SESSION["var_name"];

作用:调用 Session 变量,使用其各个页面直接传递变量。

(4) Session 的撤消。

格式:unset($_SESSION["var_name"]);

　　　　$_SESSION=array();

　　　　Session_destroy();

作用:分别是消除一个 Session 变量,清除整个 Session 数组和结束会话。

2. LIMIT 语法格式和用法

语法:SELECT * FROM table LIMIT [offset,] rows | rows OFFSET offset

LIMIT 子句可以被用于强制 SELECT 语句返回指定的记录数。LIMIT 接收一个或两个数字参数,参数必须是一个整数常量。如果给定两个参数,第一个参数指定第一个返回记录行的偏移量,第二个参数指定返回记录行的最大数目。初始记录行的偏移量是 0(而不是 1),为了与 PostgreSQL 兼容,MySQL 也支持句法:LIMIT # OFFSET #。

如 mysql> SELECT * FROM table LIMIT 5,10; 此句的含义是检索记录行 6~15 行,其中参数 5 表示从第 6 行开始,参数 10 表示检索 10 行,所以就是检查 6~15 行。可以指定第二个参数为-1,如 mysql> SELECT * FROM table LIMIT 95,-1; 此句检索记录行 96~last。如果只给定一个参数,它表示返回最大的记录行数目。

4.6 用户首页模块

任务 1　设计并实现用户首页 login.php 功能

【任务描述】

在用户加入班级模块中,包含用户首页、创建班级、加入班级与退出班级等几个重要的功能。

用户首页文件 login.php 是用户成功登录同学系统后的第一个页面，也是在顶部导航中单击【我的同学录】链接所显示的页面。它的功能包括列出用户所在班级的班级名单，查找班级，加入该班。可参考图 4-32 完成任务。

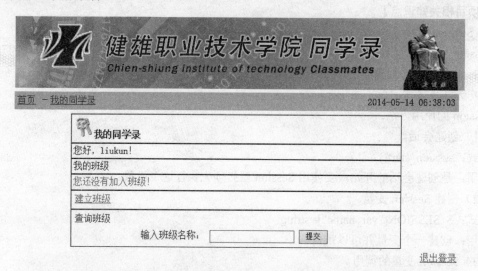

图 4-32　用户首页

【任务分析】

首先应该设计并完成静态页面显示，如调用系统顶部底部文件，插入表格将静态显示的内容在页面上显示出来，然后连接数据库，对表进行查询或者插入记录等操作，实现显示"我的班级"内容以及"查询班级"的功能。

（1）完成静态页面内容显示。

（2）实现"我的班级"内容显示，如图 4-33 所示。

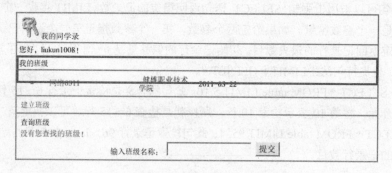

图 4-33　显示"我的班级"

（3）实现"查询班级"功能，如图 4-34 所示。

【实施骤步】

（1）调用系统顶部及底部文件，构成基本页面。

```
<? include("head.inc.php"); ?>
<? include("footer.inc.php"); ?>
```

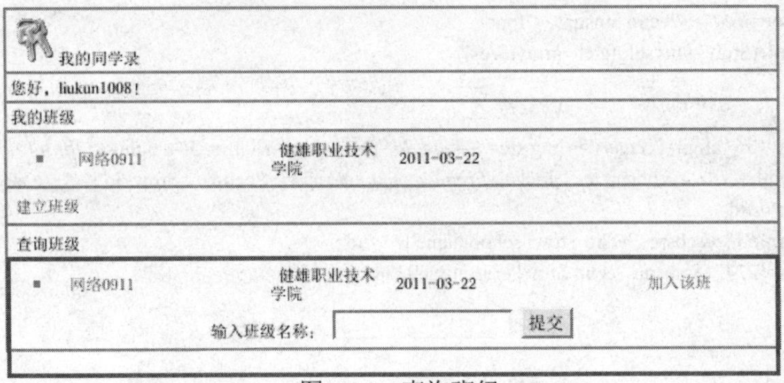

图 4-34　查询班级

（2）插入表 table1，宽度 778 像素，边框为 0，在表 1 中再插入 6 行 1 列的表 table2，表的宽度为 550 像素，居中，边框设置为 1。按图 4-35 所示显示各行内容。在 table2 后插入 1 行 1 列表 table3，宽度为 778 像素，居中，边框为 0。在该行输入"退出登录"，设置超链接到 logout.php，在右侧显示。

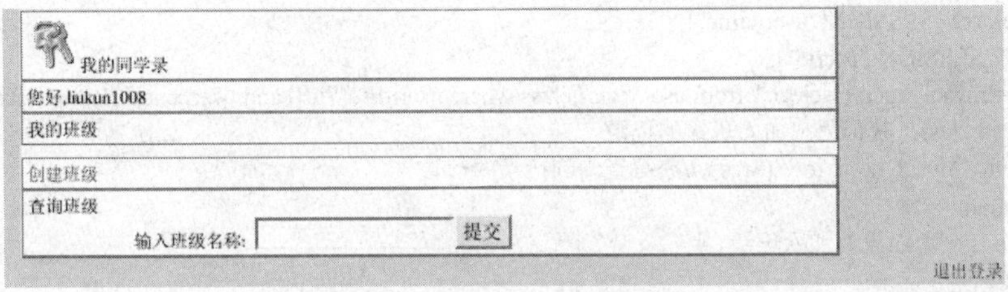

图 4-35　班级首页静态页面

```
<table width="778" border="0" cellpadding="0" cellspacing="6">
<tr><td>
<table width="75%" border="1" align="center" cellpadding="3" cellspacing="0" >
  <tr>
    <td align="left"><img src="images/register.gif"><b>我的同学录</b></td></tr>//第一行
  <tr>
    <td>您好，<?php echo $_SESSION["username"] ?>！</td>//第二行
</tr>
  <tr>
     <td>我的班级</td>
   </tr>//第三行
```

（3）在"我的班级"下显示如下内容：如果没有加入任何班级，用红色字体显示"您还没有加入班级"，如果已经加入一个或多个班级，则显示"班级名称 学校名称和班级创建时间"。

1）连接数据库（代码位于页面最前面）。

```
<?
session_start();
include("config.inc.php");
include("dbconnect.inc.php");
?>
```

2）在第 4 行插入表 table4，宽度 562 像素，居中，无边框，如果用户已经加入一个或多个班级，则在 table4 中显示出用户已经加入班级的班级名称、学校名称、加入时间。

```
    <tr><td>
     <table width="562" border="0">
```

```
            <font color="red"><?echo $msg;?></font>
            <?  while($row = mysql_fetch_array($res))
        {?>
        <tr>
            <td width="36" align="center"><img src="image/dot_green.png" width="5" height="5"></td>
            <td width="141"> <a href="classindex.php?classid=<?echo $row['id']?>" target="_blank"><?echo $row['classname']?></a></td>
            <td width="83"> <?echo $row['schoolname']?></td>
            <td width="274"> <?echo $row['createtime']?></td>
        </tr>
        <?}
        ?>
        </table>
        </td>
</tr>
```

3）如果是新注册的用户肯定没有加入任何班级的，应该显示"您还没有加入班级！"。将下面 PHP 代码添加到连接数据库代码的后面。

```
if($_SESSION["username"] !="")
    {
        $creater=$_SESSION["username"];
        $id=$_SESSION["userid"];
        $res = mysql_query("select * from user_class,class where userid = '{$id}' and user_class.classid =class.id");//查询数据库中表 user_class 和 class，获得用户加入班级的记录
        $count = mysql_num_rows($res); //获得查询到记录的行数
        if ($count==0)
            $msg="您还没有加入班级！";
    }
    else
    {
        $msg = "查找您的班级出错！";
    }
```

4）用户输入班级名称查找，结果有两种可能：一种没有找到该班级，则显示"没有能查找的班级"，另一种如果找到了就显示班级的信息"班级名称、学校名称、创建时间、加入班级"。首先根据用户输入信息查询数据库表 class，如果找到班级名称和用户一样，则获得记录并显示，如果找不到就说明没有该班级。

```
if($_GET["search"] =="1")
    {
        $class=$_POST["classname"];//获取文本框用户填写的班级名称的值
        $classsql = "select * from cl ass where classname//执行 SQL 语句
        Like '%{$class}%'";//查询表 class 中是否有用户输入班级名称的记录
        $resclass = mysql_query($classsql)
        $countclass = mysql_num_rows($resclass); //获得记录的行数
        if ($countclass==0) $message="没有您查找的班级！";//如果行数为 0，$message="没有您查询班级的"
        $show="";
    }
    else
    {
        $show ="查找您的班级出错！";
    }
```

5）在 table1 的第 5 行插入 table5，显示"建立班级"超链接。

```
<tr>
    <td><table width="562" border="0">
```

```
        <tr><td>
            <a href="createclass.php">建立班级</a>
        </td></tr>
        </table>
    </td>
</tr>
```

6）在 table1 的第 6 行插入 table6，参考下面代码完成显示班级查询结果。

```
<tr>
    <td>
        <table width="561" border="0">
        <tr><td colspan="5">
        查询班级
        </td></tr>
        <tr><td colspan="5">
        <font color="red"><?echo $message;?><?echo $tip;?></font>
        </td></tr>
<?     if ($show=="")
    {while($rowclass = mysql_fetch_array($resclass))
    {?>
        <tr>
            <td width="30" align="center"><img src="image/dot_green.png" width="5" height="5"></td>
            <td width="150"> <a href="classindex.php?classid=<?echo $rowclass['id']?>" target="_blank"><?echo $rowclass["classname"];?></a></td>
            <td width="83"> <?echo $rowclass['schoolname']?></td>
            <td width="188"> <?echo $rowclass['createtime']?></td>
            <td width="88"><a href="login.php?add=1&classid=<?echo $rowclass['id']?>&classname=<?echo $rowclass['classname']?>">加入该班</a></td>
        </tr>
<?}
    }?>
        <tr>
        <form name="form2" method="post" action="login.php?search=1">
        <td align="center" colspan="5">输入班级名称：
        <input type="text" name="classname" >
            <input type="submit" name="Submit" value="提交" class="text">
        </td>
        </form>
        </tr>
        </table>
    </td>
</tr>
```

7）页面最下面完成退出系统的超链接设置。

```
<tr><td colspan="5" align="right">
    <a href="logout.php">退出登录</a>
</td></tr>
```

8）测试页面功能，完成 login.php。

任务 2 设计并实现创建班级页面 createclass.php

【任务描述】

单击用户首页中的"建立班级"链接，能够进行创建班级，页面如图 4-36 所示。在表单中选择学校所在的省份、城市、学校名称，以及需要建立班级的名称，单击表单底部"创建"按钮，完成班级的创建。

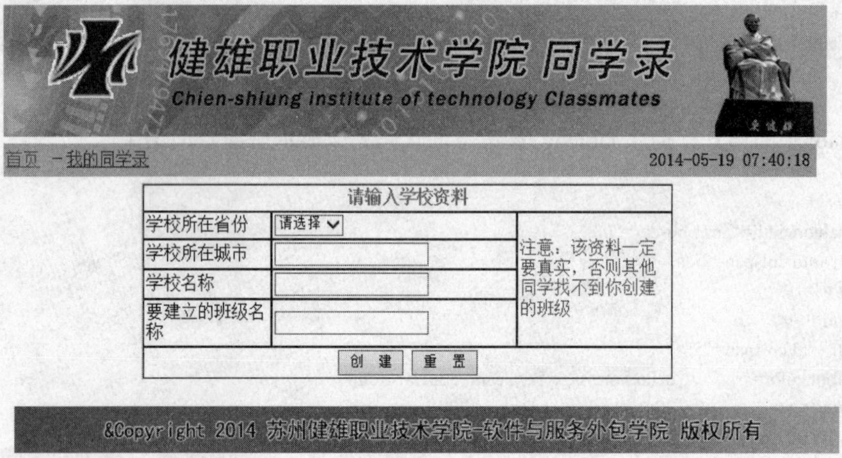

图 4-36 创建班级

【任务分析】

首先完成静态页面的设计制作,需要插入表单和表格,表单中要用到下拉列表、文本框、"创建"和"重置"按钮,可参考图 4-37 所示完成。然后是处理表单的信息,单击"提交"按钮后应将数据写入数据库中 class 表,页面调转回用户首页 login.php。如果创建的班级名称已经存在,则提示用户"班级已经存在,不需要创建"。

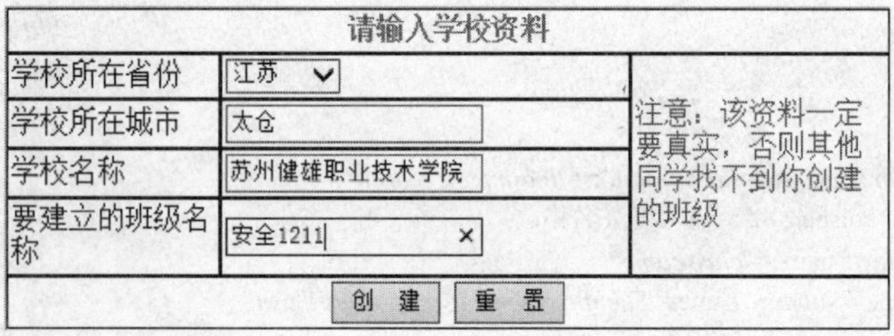

图 4-37 创建班级静态页面

创建成功后返回 login.php 页面结果如图 4-38 所示。

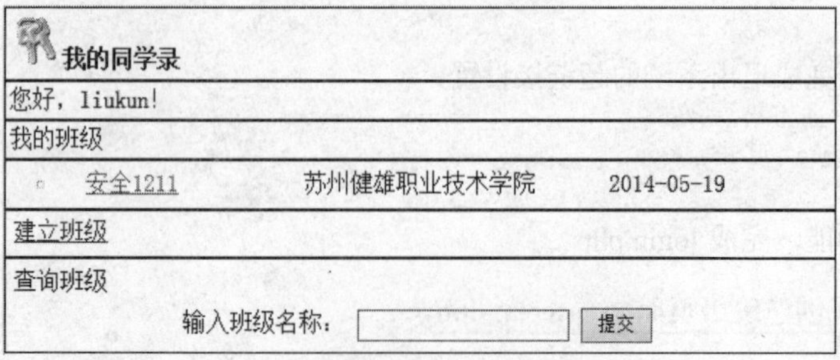

图 4-38 创建班级成功

【实施操作】

(1)调用系统顶部及底部文件,构成基本页面。

```
<? include("head.inc.php"); ?>
<? include("footer.inc.php"); ?>
```

（2）插入1行1列的表table1，表的宽度为778像素，边框设置为0。

```
<table width="778" border="0" cellpadding="0" cellspacing="6" >
<tr>
<td>
```

（3）在table1中插入表单form1，处理表单的页面为createclass.php。

```
<form name="form1" method="post" action="createclass.php?do=1">
```

（4）在表单form1中插入6行3列的表table2，宽度500像素，居中，边框为1，第1行显示"请输入学校资料"。

```
<table width="500" border="1" align="center" cellpadding="2" cellspacing="0">
<tr>
    <td colspan="3">
    <div align="center"><font color="#458B00"><b>请输入学校资料</b></font></div>
    </td>
</tr>
```

第2行第1列显示"学校所在省份"，第2列插入下拉列表选择省份；第3列合并4行，用红色字体显示注意事项。

```
<tr>
    <td width="114">学校所在省份</td>
    <td width="226">
      <select name="schoolprovince" size="1">
        <option>请选择</option>
        <option VALUE="北京">北京</option>
        <option VALUE="安徽">安徽</option>
        <option VALUE="重庆">重庆</option>
        <option VALUE="福建">福建</option>
        <option VALUE="甘肃">甘肃</option>
        <option VALUE="广东">广东</option>
        <option VALUE="广西">广西</option>
        <option VALUE="贵州">贵州</option>
        <option VALUE="海南">海南</option>
        <option VALUE="河北">河北</option>
        <option VALUE="黑龙江">黑龙江</option>
        <option VALUE="河南">河南</option>
        <option VALUE="湖北">湖北</option>
        <option VALUE="湖南">湖南</option>
        <option VALUE="内蒙古">内蒙古</option>
        <option VALUE="江苏">江苏</option>
        <option VALUE="江西">江西</option>
        <option VALUE="吉林">吉林</option>
        <option VALUE="辽宁">辽宁</option>
        <option VALUE="宁夏">宁夏</option>
        <option VALUE="青海">青海</option>
        <option VALUE="山西">山西</option>
        <option VALUE="陕西">陕西</option>
        <option VALUE="山东">山东</option>
        <option VALUE="上海">上海</option>
        <option VALUE="四川">四川</option>
        <option VALUE="天津">天津</option>
        <option VALUE="西藏">西藏</option>
        <option VALUE="新疆">新疆</option>
```

```
                <option VALUE="云南">云南</option>
                <option VALUE="浙江">浙江</option>
                <option VALUE="其他">其他</option>
            </select>
        </td>
        <td rowspan="4" width="140"><font color="#FF0000">注意：该资料一定要真实，否则其他同学找不到你创建的班级</font></td>
    </tr>
```

（5）第 3 行第 1 列显示"学校所在城市"，第 2 列插入文本框，文本框 name="schoolcity"，第 4、5 行内容与第 3 行基本一致，文本框 name 分别为 schoolnme、classnme。

```
    <tr>
        <td width="114">学校所在城市</td>
        <td width="226">
            <input type="text" name="schoolcity" class=text>
        </td>
    </tr>
    <tr>
        <td width="114">学校名称</td>
        <td width="226">
            <input type="text" name="schoolname" class=text>
        </td>
    </tr>
    <tr>
        <td width="114">要建立的班级名称</td>
        <td width="226">
            <input type="text" name="classname" class=text>
        </td>
    </tr>
```

（6）第 6 行插入"创建"按钮和"重置"按钮。

```
    <tr>
        <td colspan="3">
            <div align="center">
                <input type="submit" value="创　建" class=text>
                <input type="submit" name="Submit2" value="重　置" class=text>
            </div>
        </td>
    </tr>
    </table>
    </form>
    </td>
    </tr>
    </table>
```

（7）编写 PHP 代码，完成用户班级创建，将表单信息写入数据库 class 表中。

1）连接数据库。

```
session_start();
include("config.inc.php");
include("dbconnect.inc.php");
```

2）如果用户提交表单，则获取用户所填信息。

```
if($_GET["do"] == "1")
    {
        $schoolprovince = $_POST["schoolprovince"];
        $schoolcity = $_POST["schoolcity"];
```

```
        $schoolname = $_POST["schoolname"];
        $classname = $_POST["classname"];
        $createtime = date("Y-m-d H:i:s");
        $creater = $_SESSION["username"];
        $userid = $_SESSION["userid"];
        $message = "";
```

3）如果用户没有填信息就提交表单，则通过$message 显示对应提示信息。

```
if($schoolname == "")
    {
        $message .= "学校名称不能为空<br />";
    }
if($classname == "")
    {
        $message .= "班级名称不能为空<br />";
    }
```

4）如果$message 为空，说明用户填写了内容，使用 insert 语句将用户信息插入数据表 class 中。

```
if($message == "")
{
    $sql = "insert into class(schoolprovince,schoolcity,schoolname,classname,creater,createtime,admin1) ";
    $sql .= "values('{$schoolprovince}','{$schoolcity}','{$schoolname}','{$classname}','{$creater}','{$createtime}','{$creater}') ";
        if(mysql_query($sql))
        {
            $message = "添加完成";
            $id = mysql_insert_id();
            $usersql = "insert into user_class(id,userid,classid) ";
            $usersql .= "values('','{$userid}','{$id}')";
            mysql_query($usersql);
            header("Location:login.php");
        }
        else
        {
            $message = "添加失败，DB 错误";
        }
    }
}
```

任务 3　实现 login.php 中"加入班级"功能

【任务描述】

如果用户查找到自己的班级，可以通过点击"加入班级"直接加入到班级中，因此需要完成获取用户和想要加入班级的数据，将数据写入表 user_class 中。如果已经加入则显示"您已经加入该班。"

【任务分析】

要实现"加入班级"功能，首选获取到用户 id、用户名、用户要加入的班级 id、班级名称，将这些信息插入表 user_class，建立用户和班级的关系。

【实施步骤】

```
if($_GET["add"] =="1")
    {
        $userid=$_SESSION["userid"];
        $username=$_SESSION["username"];
```

```
            $classid=$_GET["classid"];
            $classname=$_GET["classname"];
            $sql ="INSERT INTO 'user_class' ('id' , 'userid' , 'classid' ) ";
            $sql .="VALUES (", '{$userid}', '{$classid}')";
            if(mysql_query($sql))
            {
                $tip = "添加完成！";
                header("Location:login.php");
            }
            else
            {
                $tip = "您已经加入该班！";
            }
        }
```

拓展任务：完成退出登录页面 logout.php，如图 4-39 所示。

图 4-39　退出系统界面

提示：用户退出登录后应该撤消 Session，不再记录用户信息。
```
<?
session_start();//注销 session
session_unset();
session_destroy();
?>
```

【项目相关知识点】

1. MySQL 模糊查询语法

MySQL 提供标准的 SQL 模式匹配，以及一种基于 UNIX 实用程序如 vi、grep 和 sed 的扩展正则表达式。SQL 的模式匹配允许你使用"_"匹配任何单个字符，而"%"匹配任意数目字符（包括零个字符）。在 MySQL 中，SQL 的模式默认是忽略大小写的。下面显示一些例子，注意在使用 SQL 模式时，不能使用"="或"!="，而使用 LIKE 或 NOT LIKE 比较操作符。

（1）找出以"b"开头的名字：

```
mysql> SELECT * FROM pet WHERE name LIKE "b%";
+--------+--------+---------+------+------------+------------+
| name   | owner  | species | sex  | birth      | death      |
+--------+--------+---------+------+------------+------------+
| Buffy  | Harold | dog     | f    | 1989-05-13 | NULL       |
| Bowser | Diane  | dog     | m    | 1989-08-31 | 1995-07-29 |
+--------+--------+---------+------+------------+------------+
```

（2）找出以"fy"结尾的名字：

mysql> SELECT * FROM pet WHERE name LIKE "%fy";

+--------+--------+---------+------+------------+-------+
| name | owner | species | sex | birth | death |
+--------+--------+---------+------+------------+-------+
| Fluffy | Harold | cat | f | 1993-02-04 | NULL |
| Buffy | Harold | dog | f | 1989-05-13 | NULL |
+--------+--------+---------+------+------------+-------+

（3）找出包含一个"w"的名字：

mysql> SELECT * FROM pet WHERE name LIKE "%w%";

+----------+-------+---------+------+------------+------------+
| name | owner | species | sex | birth | death |
+----------+-------+---------+------+------------+------------+
Claws	Gwen	cat	m	1994-03-17	NULL
Bowser	Diane	dog	m	1989-08-31	1995-07-29
Whistler	Gwen	bird	NULL	1997-12-09	NULL
+----------+-------+---------+------+------------+------------+

（4）找出包含正好 5 个字符的名字，使用"_"模式字符：

mysql> SELECT * FROM pet WHERE name LIKE "_____";

+--------+--------+---------+------+------------+-------+
| name | owner | species | sex | birth | death |
+--------+--------+---------+------+------------+-------+
| Claws | Gwen | cat | m | 1994-03-17 | NULL |
| Buffy | Harold | dog | f | 1989-05-13 | NULL |
+--------+--------+---------+------+------------+-------+

由 MySQL 提供的模式匹配的其他类型是使用扩展正则表达式。当你对这类模式进行匹配测试时，使用 REGEXP 和 NOT REGEXP 操作符（或 RLIKE 和 NOT RLIKE，它们是同义词）。扩展正则表达式的一些字符是：

"."匹配任何单个的字符。

一个字符类"[...]"匹配在方括号内的任何字符。例如，"[abc]"匹配"a"、"b"或"c"。

为了命名字符的一个范围，使用一个"-"。"[a-z]"匹配任何小写字母，而"[0-9]"匹配任何数字。

"*"匹配零个或多个在它前面的东西。例如，"x*"匹配任何数量的"x"字符，"[0-9]*"匹配任何数量的数字，而".*"匹配任何数量的任何东西。

正则表达式是区分大小写的，但是如果你希望，能使用一个字符类匹配两种写法。例如，"[aA]"匹配小写或大写的"a"而"[a-zA-Z]"匹配两种写法的任何字母。如果它出现在被测试值的任何地方，模式就匹配（只要它们匹配整个值，SQL 模式匹配）。为了定位一个模式以便它必须匹配被测试值的开始或结尾，在模式开始处使用"^"或在模式的结尾用"$"。为了说明扩展正则表达式如何工作，上面所示的 LIKE 查询在下面使用 REGEXP 重写：

（5）找出以"b"开头的名字，使用"^"匹配名字的开始并且"[bB]"匹配小写或大写的"b"：

mysql> SELECT * FROM pet WHERE name REGEXP "^[bB]";

+--------+--------+---------+------+------------+------------+
| name | owner | species | sex | birth | death |
+--------+--------+---------+------+------------+------------+
| Buffy | Harold | dog | f | 1989-05-13 | NULL |
| Bowser | Diane | dog | m | 1989-08-31 | 1995-07-29 |
+--------+--------+---------+------+------------+------------+

（6）找出以"fy"结尾的名字，使用"$"匹配名字的结尾：
```
mysql> SELECT * FROM pet WHERE name REGEXP "fy$";
+--------+--------+---------+------+------------+-------+
| name   | owner  | species | sex  | birth      | death |
+--------+--------+---------+------+------------+-------+
| Fluffy | Harold | cat     | f    | 1993-02-04 | NULL  |
| Buffy  | Harold | dog     | f    | 1989-05-13 | NULL  |
```

（7）找出包含一个"w"的名字，使用"[wW]"匹配小写或大写的"w"：
```
mysql> SELECT * FROM pet WHERE name REGEXP "[wW]";
+----------+-------+---------+------+------------+------------+
| name     | owner | species | sex  | birth      | death      |
+----------+-------+---------+------+------------+------------+
| Claws    | Gwen  | cat     | m    | 1994-03-17 | NULL       |
| Bowser   | Diane | dog     | m    | 1989-08-31 | 1995-07-29 |
| Whistler | Gwen  | bird    | NULL | 1997-12-09 | NULL       |
+----------+-------+---------+------+------------+------------+
```

既然如果一个正规表达式出现在值的任何地方，其模式匹配了，就不必在先前的查询中模式的两方面放置一个通配符以使得它匹配整个值，就像使用了一个 SQL 模式那样。为了找出包含正好 5 个字符的名字，使用"^"和"$"匹配名字的开始和结尾，以及 5 个"."实例在两者之间：

```
mysql> SELECT * FROM pet WHERE name REGEXP "^.....$";
+-------+--------+---------+------+------------+-------+
| name  | owner  | species | sex  | birth      | death |
+-------+--------+---------+------+------------+-------+
| Claws | Gwen   | cat     | m    | 1994-03-17 | NULL  |
| Buffy | Harold | dog     | f    | 1989-05-13 | NULL  |
+-------+--------+---------+------+------------+-------+
```

你也可以使用"{n}""重复 n 次"操作符重写先前的查询：
```
mysql> SELECT * FROM pet WHERE name REGEXP "^.{5}$";
+-------+--------+---------+------+------------+-------+
| name  | owner  | species | sex  | birth      | death |
+-------+--------+---------+------+------------+-------+
| Claws | Gwen   | cat     | m    | 1994-03-17 | NULL  |
| Buffy | Harold | dog     | f    | 1989-05-13 | NULL  |
+-------+--------+---------+------+------------+-------+
```

查找数字和其他的模糊查询语句：
Select * from pet where name REGEXP "[^a-zA-Z].";

2. MySQL 中 INSERT 的使用方法

INSERT 语句是最常见的 SQL 语句之一，但是 MySQL 中 INSERT 语句的用法和标准用法不尽相同。MySQL 中 INSERT 的一般用法：

MySQL 中的 INSERT 语句和标准的 INSERT 不太一样，在标准的 SQL 语句中，一次插入一条记录的 INSERT 语句只有一种形式：

INSERT INTO tablename(列名…) VALUES(列值);

而在 MySQL 中还有另外一种形式：

INSERT INTO tablename SET column_name1 = value1, column_name2 = value2, …;

第一种方法将列名和列值分开了，在使用时，列名必须和列值的数一致。如下面的语句向 users 表中插入了一条记录：

INSERT INTO users(id, name, age) VALUES(123, '姚明', 25);

第二种方法允许列名和列值成对出现和使用，如下面的语句也是向 uers 表中插入了一条记录。
INSERT INTO users SET id = 123, name = '姚明', age = 25;

如果使用了 SET 方式，必须至少为一列赋值。如果某一个字段使用了默认值（如默认或自增值），这两种方法都可以省略这些字段。如 id 字段上使用了自增值，上面两条语句可以写成如下形式：
INSERT INTO users (name, age) VALUES('姚明',25);
INSERT INTO uses SET name = '姚明', age = 25;

MySQL 在 VALUES 上也做了些变化。如果 VALUES 中什么都不写，那 MySQL 将使用表中每一列的默认值来插入新记录。
INSERT INTO users () VALUES();

如果表名后什么都不写，就表示向表中所有的字段赋值。使用这种方式，不仅在 VALUES 中的值要和列数一致，而且顺序不能颠倒。
INSERT INTO users VALUES(123, '姚明', 25);

如果将 INSERT 语句写成如下形式 MySQL 将会报错。
INSERT INTO users VALUES('姚明',25);

3. javascript 中返回上一页方法

返回前一页可以有以下几种做法：

（1）<a href="javascript :history.back(-1)">返回上一页</a>

（2）<a href="javascript :;" onClick="javascript :history.back(-1);">返回上一页</a>

（3）如果是用按钮做的话就是：
<input type="button" name="Submit" onclick="javascript:history.back(-1);" value="返回上一页">

（4）用图片做的话就是：
<img src="图片路径" border="0" onclick="javascript:history.back(-1);" title="返回上一页">

语法：history. back (iDistance)

参数：iDistance 可选项，整数（Integet），指定要后退的 URL 地址数目。假如不提供此参数，将载入历史（history）列表里的上一个 URL 地址。

说明：载入历史（history）列表里的一个 URL 地址。此方法作用等同于用户点击浏览器的"后退"按钮，也等同于 history.go(-1)。假如用户已经到达历史（history）列表的最后一项，则会停留在当前的 URL 地址而不会发生错误。

4.7 班级首页模块

任务　完成班级首页 classindex.php 页面

【任务描述】

在用户首页中单击班级名称链接，进入班级首页，页面如图 4-40 所示。该页面中，左侧是功能导航，中间部分分为几个区域，分别是班级基本信息、班级公告牌和班级阅览室，分别显示班级公告、班级读物内容。

【任务分析】

班级首页主要完成显示班级信息、班级公告牌、班级阅览室等信息，需要查询对应的数据表，将表中信息现在页面上。

图 4-40 班级首页

【实施步骤】

（1）完成上部左侧班级信息显示页面设计。

```
<table width="97%" border="0" cellspacing="0" cellpadding="1" bordercolorlight="#B5E1F7" bordercolordark="#FFFFFF">
<tr><td height="13">
<table width="100%" border="0" cellspacing="0" cellpadding="3">
    <tr>
<td>学校名称:<?echo $row["schoolname"];?> </td>
    </tr>
    <tr>
<td>班级名称:<?echo $row["classname"];?> </td>
    </tr>
</table>
</td></tr>
<tr><td>
<table width="100%" border="0" cellspacing="0" cellpadding="0" >
<tr><td>
<table width="100%" border="0" cellspacing="0" cellpadding="3" bgcolor="#B4EEB4">
    <tr>
        <td>创建时间：<?echo $row["createtime"];?></td></tr>
    <tr>
        <td>创始人：<?echo $row["creater"];?></td></tr>
<tr>
<td>管理员：<?echo $row["admin1"];?>  <?echo $row["admin2"];?>  <?echo $row["admin3"];?></td></tr>
    <tr>
        <td>现有成员：<?echo $membercount;?> 人</td>
```

（2）完成上部右侧班级公告牌页面设计，公告牌的内容是从表 class 的 words 字段读取。

```
<table width="100%" border="0" cellspacing="0" cellpadding="3">
<tr>
```

```
<td><img src="images/gonggao.gif" width="79" height="19"></td>
  </tr>
<tr>
<td height="95" valign="top"><?echo $row["words"];?></td>
</tr>
<tr><td height="22"> </td>
    </tr>
</table>
```

（3）完成班级首页中班级阅览室布局。

```
<table  width="100%" border="0" cellspacing="0" cellpadding="2">
    <?   while($rowreading = mysql_fetch_array($resreading))
    {?>
      <tr valign="top"><td>
<a  href="classreadings.php?artpage=artshow&artshowid=<?echo $rowreading["id"]?>" target="_blank"> <?echo $rowreading["title"]?></a>
</td></tr>
              <?
              }
              ?>
</table>
```

（4）查询班级表显示班级基本信息。

1）连接数据库。

```
session_start();
include("config.inc.php");
include("dbconnect.inc.php");
```

2）获取班级 id 用户名和用户 id。

```
$classid = $_GET["classid"];
$id=$_SESSION["userid"];
$username=$_SESSION["username"];
```

3）以班级 id 为参数，从班级表中查询该班级的全部信息。

```
$res = mysql_query("select * from class where id='{$classid}'");
$row = mysql_fetch_array($res);
```

4）以班级 id 为参数，从用户－班级表中查找班级的全部用户 id。

```
$count = mysql_query("select * from user_class where classid='{$classid}' ");
$membercount =mysql_num_rows($count);
```

5）以班级 id 为参数，查找班级读物表中该班级的全部班级读物。

```
$sqlreading = "select * from reading where classid = '{$classid}'";
$resreading = mysql_query($sqlreading);
```

6）在适当位置输出班级基本信息，包括创建时间、创始人、管理员以及现有成员人数，输出班级公告内容、输出班级读物等信息。

4.8 用户信息模块

任务 1 实现修改用户信息页面 userinfo.php

【任务描述】

修改用户资料通过 userinfo.php 文件实现，该文件通过在班级模块各页面的【班级工具栏】中，也就是页面左侧导航文件中单击【修改资料】链接调用，页面可参考图 4-41。

图 4-41 修改资料界面

【任务分析】

如果用户在注册的时候忘记填写某些内容,或者需要修改某些内容,可以重写,然后更新数据库中表 user 用户数据,并跳转到 userinfo.php 页面。用户资料修改页面与用户注册静态页面是一样的,不同的是点击用户资料修改页面后,首先从数据库中将用户已经注册的信息先显示在页面上,用户根据需要修改,修改提交后通过数据库的更新语句,更加 user 表中对应记录,完成用户资料修改功能。

【实施步骤】

(1) 调用系统头部文件和底部文件,即<?include "head.inc.php";?> <?include "footer.inc.php";?>。

(2) 插入表格 table1 宽度为 778 像素,在 table1 的第一行插入左侧导航文件,代码如下所示。

```
<table width="778" border="0" cellpadding="0" cellspacing="6" class="border">
    <tr><?include "left.inc.php"?>
```

(3) 在 table1 中插入表单,<form method="post" action="userinfo.php?do=1" >,表单中插入文本框,完成用户资料显示,其中表单对象代码参考下面代码完成全部用户资料信息显示,其中 $resrow["username"]从 user 表中读取字段 username 的值。

```
<tr>
    <td  align="center">用户账号:</td>
```

```
<td>
<input type="hidden" name="username" value="<?echo $resrow["username"];?>" class=text>
    <?echo $resrow["username"];?></td>
</tr>
```

（4）将已注册用户信息显示出来。

1）连接数据库。

include("config.inc.php");
include("dbconnect.inc.php");

2）获取用户名和用户 id。

$classid= $_GET["classid"];
$id=$_SESSION["userid"];
$username=$_SESSION["username"];
$userid = $_GET["userid"];

3）查询用户注册时的记录，把对应字段的值显示在表单中。

if ($userid != "")
{
    $sqlshow = "select * from user where id ='{$userid}'";
    $resshow = mysql_query($sqlshow);
    $resrow = mysql_fetch_array($resshow);
}

（5）修改用户信息。

1）获取用户修改信息。

if ($_GET["do"] == 1)
{
    $id = $_POST["userid"];
    $username=$_POST["username"];
    $realname=$_POST["realname"];
    $birthday=$_POST["birthday"];
    $sex=$_POST["sex"];
    $native_place=$_POST["native_place"];
    $hobby=$_POST["hobby"];
    $qq=$_POST["qq"];
    $mail=$_POST["mail"];
    $mobile=$_POST["mobile"];
    $address=$_POST["address"];
    $zip=$_POST["zip"];
    $words=$_POST["words"];

2）构造 SQL 语句更新表中对应字段的值。

$sql = "UPDATE 'user' SET 'realname' = '{$realname}', 'birthday' = '{$birthday}','sex' = '{$sex}','native_place' = '{$native_place}', 'hobby' = '{$hobby}', 'mail' = '{$mail}', 'qq' = '{$qq}', 'mobile' = '{$mobile}', 'address' = '{$address}', 'zip' = '{$zip}', 'words' = '{$words}' WHERE 'id' = '{$id}' LIMIT 1 ";

3）修改成功页面跳转到 userinfo.php，如图 4-42 所示。

if(mysql_query($sql))
    {
        $message = "成功修改个人信息";
    }
    else
    {
        $message = "没有成功";
    }
header("Location:userinfo.php?userid=$id&modify=1");

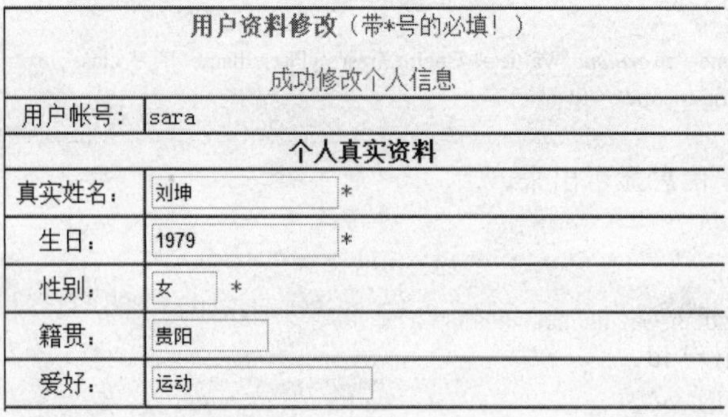

图 4-42 用户资料修改成功

任务 2　修改用户密码页面 userpwd.php 文件实现

【任务描述】

用户注册成功是已经设置了自己的密码，但是有可能有密码泄露或者遗忘的情况，因为系统需要有一个功能，可以让用户修改自己的密码，本任务就是实现用户密码修改功能。

【任务分析】

修改用户密码页面由 userpwd.php 文件实现。该文件通过用户填写修改密码表单，单击【提交】按钮后，判断表单中输入密码的合法性，通过输入密码的合法性验证后，以用户 id 为参数，更新用户表中的记录，修改用户密码。

【实施步骤】

（1）参考图 4-43，完成修改密码表单的设计。

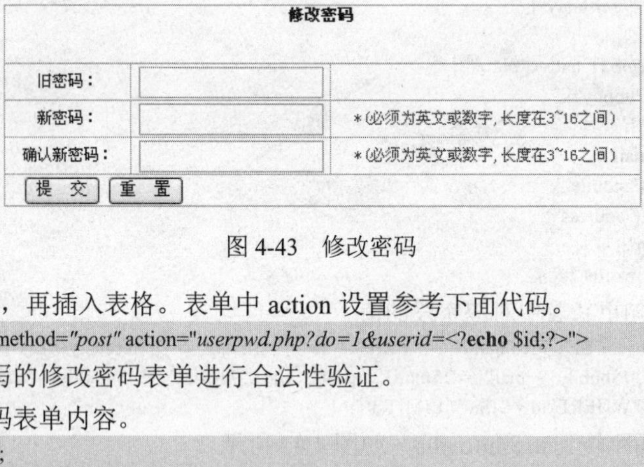

图 4-43　修改密码

注意先插入表单，再插入表格。表单中 action 设置参考下面代码。

`<form name="form" method="post" action="userpwd.php?do=1&userid=<?echo $id;?>">`

（2）对用户填写的修改密码表单进行合法性验证。

1）获取修改密码表单内容。

```
$id=$_GET["userid"];
$classid= $_GET["classid"];
$username=$_SESSION["username"];
$oldpsw = $_POST["oldpsw"];
    $newpsw1 = $_POST["newpsw1"];
    $newpsw2 = $_POST["newpsw2"];
```

2）从用户表中以 userid 为参数查询用户记录。

```
$sql = "select * from user where id = '{$id}' ";
    $res = mysql_query($sql);
    $row = mysql_fetch_array($res);
```

3)获取用户表中记录的用户密码和用户 id。
```
$pwd = $row["password"];
    $user_id = $row["id"];
```
4)判断修改密码表单中输入的旧密码与数据库中保存的原有密码一致,若不一样显示错误信息,如图 4-44 所示。
```
if ($oldpsw !=$pwd)
    {
        $message .= "旧密码不正确  ";
    }
```

图 4-44　旧密码不正确

5)判断新输入的密码和密码确认两次输入是否一样,若不一致显示错误信息,如图 4-45 所示。
```
if ($newpsw1 !=$newpsw2)
    {
        $message .= "两次输入新密码不一致";
    }
```

图 4-45　两次输入密码不一致

(3)若修改密码表单提供的信息通过输入密码合法性验证,则执行密码修改操作,即以用户 id 为参数更改用户表中该用户记录的密码字段,如图 4-46 所示。
```
$sqlupdate = "UPDATE 'user' SET 'password' = '{$newpsw1}' WHERE 'id' = '{$user_id}' LIMIT 1 ";
    if(mysql_query($sqlupdate))
    {
        $message = "密码修改完成";
        header("Location:userpwd.php?userid=$user_id&ok=1");
    }
    else
    {
        $message = "密码修改失败,数据库错误";
    }
```

图 4-46　修改密码成功

任务 3　我的名片 usercard.php 文件实现

【任务描述】

在左侧导航栏中点击【我的名片】链接后,用户可以修改自己的名片信息,如图 4-47 所示。

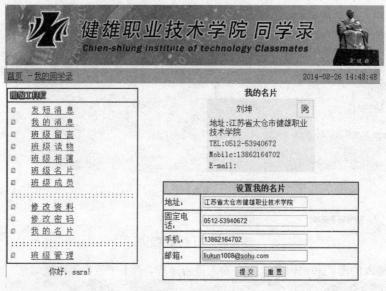

图 4-47 我的名片页面

【任务分析】

我的名片通过 usercard.php 文件实现。该文件通过在班级模块各页面的【班级工具栏】中，也就是页面左侧导航文件中单击【我的名片】链接来调用。该文件主要实现用户名片的设置和显示，实际上也就是对数据库中用户表信息的修改和显示。【我的名片】包括用户表中的用户名、邮箱、手机、电话地址字段，如图 4-48 所示。

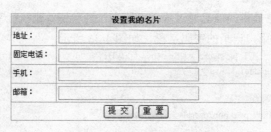

图 4-48 设置我的名片表单

【实施步骤】

（1）参考图 4-49 所示，完成显示"我的名片"内容格式设计，参考代码如下所示。

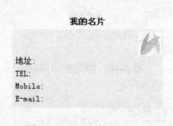

图 4-49 "我的名片"

```
<table width="100%" border="0" cellspacing="0" cellpadding="2">
    <tr>
        <td>地址:<?echo $resrow["address"];?></td>
```

```
        </tr>
        <tr>
          <td>TEL:<?echo $resrow["tel"];?></td>
        </tr>
        <tr>
          <td>Mobile:<?echo $resrow["mobile"];?></td>
        </tr>
        <tr>
          <td>E-mail:<?echo $resrow["mail"];?></td>
        </tr>
</table>
```

（2）参考图 4-48 所示，完成"设置我的名片"表单的设计，表单代码如下：

```
<form name="form1" method="post" action="usercard.php?do=1&userid=<?echo $id;?>">
```

这里给出一个表单对象地址的代码，其他的可参考这个代码完成：

```
<tr>
  <td width="98">地址：</td>
  <td width="388">
    <input type="text" name="myaddress" size="30" class=text value=<?echo $resrow["address"];?>>
  </td>
</tr>
```

（3）连接数据库，把用户注册时填写的"地址、TEL、mobile、E-mail"显示在"我的名片"对应位置，如图 4-50 所示。

我的名片

真实姓名:刘坤
地址:健雄职业技术学院
TEL:53940647
Mobile:13862164702
E-mail:liukun1008@sohu.com

图 4-50 显示"我的名片"

```
session_start();
include("config.inc.php");
include("dbconnect.inc.php");
$classid= $_GET["classid"];
$id=$_SESSION["userid"];
$username=$_SESSION["username"];
$userid = $_GET["userid"];
if ($userid != "")
{
    $sqlshow = "select * from user where id ='{$userid}'";
    $resshow = mysql_query($sqlshow);
    $resrow = mysql_fetch_array($resshow);
    $msg="";
}
else
{
    $msg="";
}
```

（4）编写代码，处理"设置我的名片"提交表单信息，根据用户填写信息，更新数据库 user 表中对应字段的值。当设置了名片信息后，对应"我的名片"显示内容也更新，更新过程见图 4-51、

图 4-52 所示。

图 4-51 更新前名片

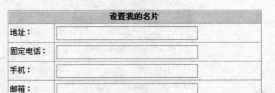

图 4-52 更新后名片

参考代码如下：

```
if ($_GET["do"] == 1)
{
    $id = $_SESSION["userid"];
    $username=$_SESSION["username"];
    $mail=$_POST["mymail"];
    $mobile=$_POST["mymobile"];
    $tel=$_POST["mytel"];
    $address=$_POST["myaddress"];
    $sql = "UPDATE 'user' SET 'mail' = '{$mail}', 'mobile' = '{$mobile}', 'tel' = '{$tel}', 'address' = '{$address}' WHERE 'id' = '{$id}' LIMIT 1 ";
    if(mysql_query($sql))
    {
        $message = "成功修改个人信息";
    }
    else
    {
        $message = "没有成功";
```

```
}
    header("Location:usercard.php?userid=$id");
}
```

【项目相关知识点】

1. update 语句

可以通过 update 命令来修改存储在表中的数据。此命令由三部分组成：

（1）update 单词后面跟一个将要修改的表名。这部分是必选的。

（2）set 单词后跟一个或多个需要修改其值的列。这部分也是必选的。

（3）where 子句后跟选择条件。这部分是可选的。

假设有一个客户要求增加信贷额度，同时会计部门也同意了。此时就可以用 update 语句来修改信贷额度。为了说明问题，将显示更新前后的客户记录，下面是对一个客户记录进行更新的简单示例：

```
SQL> select cust_id, cust_credit_limit
     from           customers
     where    cust_id = 28983;
CUST_ID CUST_CREDIT_LIMIT
---------- -----------------
28983     15000

SQL> update customers
     set            cust_credit_limit = 20000
     where    cust_id = 28983;
1 row updated.

SQL> select cust_id, cust_credit_limit
     from           customers
     where    cust_id = 28983;
CUST_ID CUST_CREDIT_LIMIT
---------- -----------------
28983     20000
```

此例表明在 update 语句执行之前，客户 28983 的信贷额度为 15 000 美元。针对 customers 表的 update 语句，set 子句指明要修改的列为 cust_credit_limit，where 子句指明修改仅限于客户 28983。此命令执行后，select 语句显示出该用户目前的信贷额度为 20 000 美元。update 语句是一个十分强大的工具。它可以实现对表中符合某个简单或复杂标准的一条或多条记录进行更新，也可对表中的全部记录进行更新。

2. iframe 标记的使用格式

```
<iframe src="URL" width="x" height="x" scrolling="[OPTION]" ="x">
</iframe>
```

src：文件的路径，既可是 HTML 文件，也可以是文本、ASP 等。

width、height："画中画"区域的宽与高。

scrolling：当 src 的指定的 HTML 文件在指定的区域显示不完全时，滚动选项，如果设置为 NO，则不出现滚动条；如为 Auto，则自动出现滚动条；如为 Yes，则显示。

FrameBorder：区域边框的宽度，为了让"画中画"与邻近的内容相融合，常设置为 0。

3. iframe 常用例子

（1）页面内加入 iframe。

```
<iframe width=420 height=330 frameborder=0 scrolling=auto src=URL></iframe>
```

scrolling 表示是否显示页面滚动条，可选的参数为 auto、yes、no，如果省略这个参数，则默认为 auto。

（2）超链接指向这个嵌入的网页，只要给这个 iframe 命名就可以了。方法是<iframe name=**>，例如命名为 aa，写入这句 HTML 语言<iframe width=420 height=330 name=aa frameborder=0 src=http://www.cctv.com></iframe>，然后，网页上的超链接语句应该写为：<a href=URL target=aa>

（3）如果把 frameborder 设为 1，效果就像文本框一样。透明的 iframe 的用法必须是 IE 5.5 以上版本才支持，需要在 transparentBody.htm 文件的<body>标签中，先加入了 style="background-color=transparent"，然后通过以下四种 iframe 的写法设置 iframe 背景透明效果。

```
<IFRAME ID="Frame1" SRC="transparentBody.htm" allowTransparency="true"></IFRAME>
<IFRAME ID="Frame2" SRC="transparentBody.htm" allowTransparency="true" STYLE="background-color: green"></IFRAME>
<IFRAME ID="Frame3" SRC="transparentBody.htm"></IFRAME>
<IFRAME ID="Frame4" SRC="transparentBody.htm" STYLE="background-color: green"></IFRAME>
```

4.9 班级留言功能模块

任务 1 完成发表留言表单设计制作

【任务描述】

班级留言功能通过 guestbook.php 文件实现，在班级留言中，用户能够通过填写发表留言表单添加留言，为自己选择头像，通过 see.php 查看其他同学留言，如图 4-53、图 4-54 所示。

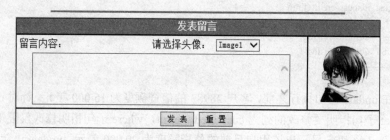

图 4-53 发表留言

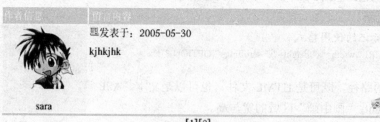

图 4-54 留言信息

【任务分析】

利用表单和表格完成发表留言页面的设计，注意根据需要合理设计表格，页面实现查看留言功能，重点是实现不同用户选择不同头像显示，难点是分页显示班级留言。

【实施步骤】

（1）完成 guestbook.php 框架布局，如图 4-55 所示。

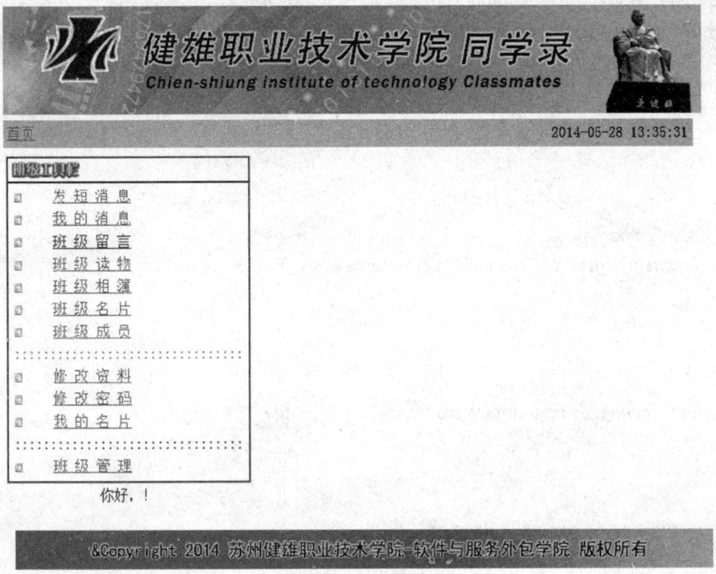

图 4-55　页面框架

参考代码如下：

```
<?include "head.inc.php";?>
<table width="778" border="0" cellpadding="0" cellspacing="6" >
<tr>
<?include "left.inc.php"?>
<td>
</td>
</tr>
</table>
<?include 'footer.inc.php';?>
```

（2）完成表单设计制作，如图 4-53 所示。参考代码如下：

```
<table >
    <tr><td>
        <a name="add"></a><hr size="1" width="80%" color="#B4EEB4" noshade>
        <form name="form1" method="post" action="guestbook.php?do=1">
        <table width="600" border="1" cellspacing="0" cellpadding="3" align="center" bordercolorlight="#00ff00" bordercolordark="#FFFFFF">
        <tr bgcolor="#B4EEB4">
<td colspan="2"><div align="center"><b><font color="#FFFFFF">发表留言</font></b></div></td></tr>
            <tr><td width="400">
        <table width="100%" border="0" cellspacing="0" cellpadding="2">
        <tr>
            <td width="200">留言内容：</td>
            <td width="200">请选择头像：
            <select name="face" size="1" onChange="document.images['face'].src=options[selectedIndex].value;">
            <option value="face/01.gif" selected>Image1</option>
            <option value="face/02.gif">Image2</option>
            <option value="face/03.gif">Image3</option>
            <option value="face/04.gif">Image4</option>
```

```html
        <option value="face/05.gif">Image5</option>
        <option value="face/06.gif">Image6</option>
        <option value="face/07.gif">Image7</option>
        <option value="face/08.gif">Image8</option>
        <option value="face/09.gif">Image9</option>
        <option value="face/10.gif">Image10</option>
            ……………………………
        </select>
        </td>
        </tr>
        <tr>
<td colspan="2" align="center">
<textarea name="gbcontent" cols="60" rows="5" ></textarea>
</td>
</tr>
</table>
</td>
<td width="100" align="center"><img id=face src="face/01.gif"></td>
</tr>
<tr align="center">
<td colspan="2">
    <input type="submit" name="postgb" value="发  表">
    <input type="reset" name="Submit" value="重  置">
</td>
</tr>
</table>
</table>
</td>
</tr>
</table>
```

（3）完成用户头像的选择，现在有24个头像可以切换，如何利用程序实现。

```php
<?php for($i=1;$i<25;$i++)
{if ($i<10){?>
<option value="face/0<?echo $i?>.gif" selected>Image0<?echo $i?></option>
    <?php }
    else
    {?>
<option value="face/<?echo $i?>.gif" selected>Image<?echo $i?></option>
<?php }
}?>
```

任务 2　将用户发表的留言写入数据库 guestbook 表中

【任务描述】

将上面设计的留言表单中内容保存到表 guestbook，需要保存到数据库中的内容有：留言时间、classid、留言者、头像、具体留言内容，所以需要连接数据库，对数据（信息）进行存储。

【任务分析】

任务实现思路为：首先需要连接数据库，然后获取到用户在页面上填写的留言信息，使用 SQL 插入语句将信息插入表 guestbook，就可以实现保存留言。

【实施步骤】

（1）连接数据库。

```
session_start();
include("config.inc.php");
include("dbconnect.inc.php");
```

（2）获取对应字段的值。

```
$id=$_SESSION["userid"];
$username=$_SESSION["username"];
$classid= $_GET["classid"];
$stemp=date("YmjHis");
$delgb =$_GET["delgb"];
```

（3）使用插入语句将用户留言内容和基本信息保存到数据库中。

```
if($_GET["do"] ==1)
{
    $content = $_POST["gbcontent"];
    $face = $_POST["face"];
    $pubtime = date("Y-m-d H:i:s");
    $pubuser = $_SESSION["username"];
    $sqladd ="INSERT INTO 'guestbook' ( 'id', 'classid', 'username', 'pubtime', 'face', 'info') ";
    $sqladd .="VALUES ('', '{$classid}', '{$pubuser}', '{$pubtime}', '{$face}', '{$content}')";
    if(mysql_query($sqladd))
    {
        $message = "添加完成";
        $id = mysql_insert_id();
        header("Location:guestbook.php?classid=$classid");
    }
    else
    {
        $message = "添加失败，数据库错误";
    }
}
```

（4）查询数据库中 guestbook 表，确定信息是否被保存到数据库中，结果如图 4-56 所示。

	id	classid	username	pubtime	face	info
□ ✎ ✗	28	33	ygs	2011-05-20	face/01.gif	
□ ✎ ✗	27	33	ygs	2011-05-20	face/01.gif	ndfsd
□ ✎ ✗	26	33	ygs	2011-05-20	face/01.gif	nihao!!
□ ✎ ✗	25	33	ygs	2011-05-20	face/07.gif	ó¼Ò°Ãｦ¬°Å¾ÃÂ»ÓÐº¹ ó¼ÒÃª¤µÁÃÈｦ¡¿
□ ✎ ✗	24	33	ygs	2011-05-20	face/01.gif	
□ ✎ ✗	23	33	ygs	2011-05-20	face/01.gif	dsfsdfsdfdsfdsf
□ ✎ ✗	22	33	ygs	2011-05-20	face/01.gif	nihao

图 4-56　查询 guestbook 表

任务 3　分页显示班级留言

【任务描述】

如果班级有很多同学留言，那么留言信息就有很多条，留言的页面就会很长，这样既难看也不方便操作，因此要采用分页显示班级留言。

【任务分析】

查询表 guestbook，分页显示该班级同学的留言。分页显示的页面主要是通过表格的方式来进行显示，这个功能实现主要有两个关键参数，每页显示几条记录（$pagesize）和当前是第几页

（$pageno），在 mysql 里要取表内某段特定内容可以使用：

Select * from table limit startrow, rows

其中，startrow 是记录偏移量，表示开始显示的记录编号，它的计算方法是 offset= $pagesize*($pageno-1)，rows 是要显示的记录条数，也就是$pagesize。

【实施步骤】

（1）制作完成留言中第一行。

```
<table>
    <tr>
        <td width="132" bgcolor="#B4EEB4"><b><font color="#FFFFFF">作者信息</font></b></td>
        <td width="454" bgcolor="#B4EEB4">
        <table width="100%" border="0" cellspacing="0" cellpadding="3">
            <tr>
                <td width="56%"><b><font color="#FFFFFF">留言内容</font></b></td>
                <td width="44%"><b><font color="#FFFF00">共有留言 <?echo $size;?> 条</font></b></td>
            </tr>
        </table>
        </td>
    </tr>
```

（2）实现显示留言功能。

```
    <tr>
        <td bgcolor="#f7f7f7" valign="top" align="center" width="132" rowspan="3"><img src="<?echo $guestbook["face"];?>"><br><br><?echo $guestbook["username"];?></td>
        <td width="454" valign="top"><img src="face/post.gif">发表于：<?echo $guestbook["pubtime"];?></td>
    </tr>
    <tr>
        <td width="454" valign="top" height="74"><?echo $guestbook["info"];?></td>
    </tr>
    <tr>
        <td width="454" valign="top" align="right"><a href="guestbook.php?delgb=<?echo $cid;?>"><img src="face/del.gif" alt="删除" border="0"></a></td>
    </tr>
    <tr>
        <td colspan="2" height="3" bgcolor="#B4EEB4"></td>
    </tr>
```

（3）实现分页显示页码。

1）下面代码添加到页面最前面，查询表中留言数量。

```
if($gbpage==""||$gbpage=="gblist")
{
    $sql = "select * from guestbook ";
    if ($classid !="")
    {
        $sql .= "where classid='$classid'";
    }
    $res= mysql_query($sql);
    $size = mysql_num_rows($res);
$ii=1; $j=$size;
$perpage = 1;
while ($j>0)
{
    $j=$j-$perpage;
}
```

2）在显示留言下面显示页码和超链接。

```php
<div align="center">
    <?
        $j=$size;
        while ($j>0)
        {
            if ($page != $ii) echo "<a href=guestbook.php?page=".$ii.">";
            echo "[".$ii."]";
            if ($page != $ii) echo "</a>";
            $j=$j-$perpage;
            $ii++;
        }
    ?>
</div>
```

（4）根据当前页码，显示对应的留言信息。

```php
<?
    if ($page == "") {$page=$ii;}
    $pages=$page-1;
    $pages=$page*$perpage-$perpage;
    for($i=$pages; $i< $pages+$perpage; $i++)
    {
        $sql = "select * from guestbook ";
        if ($classid !="")
        {
            $sql .= "where classid='$classid' ";
        }
        $sql .= "order by pubtime desc limit {$pages},{$perpage}";
        $res1= mysql_query($sql);

        while ($guestbook = mysql_fetch_array($res1))
        {
?>
```

【项目相关知识点】

1. ceil 函数

ceil 函数的作用是求不小于给定实数的最小整数。

ceil(2)=ceil(1.2)=cei(1.5)=2.00

2. 当前显示页码的初始值和当前显示页面的最大值

```
if($PageNo % $PageSize= =0){
$CounterStart=$PageNo-($PageSize-1);
}else{
$CounterStart=$PageNo-($PageNo%$PageSize)+1;
}
$CounterEnd=$CounterStart+($PageSize-1);
```

解释：从它的逻辑来看，它取的是第$PageNo 那一项所在的那一页，所以$CounterStart 是为了计算那一页第一项的序数：如果$PageNo 能被 PageSize 整除，说明是那一页最后一项，CounterStart 等于 PageNo-(PageSize-1)；如果不能整除，有个余数，第一项就是$PageNo-(余数-1)。

3. 分页原理

（1）原理。

所谓分页显示，也就是将数据库中的结果集人为地分成一段一段来显示，这里需要两个初始的参数：每页多少条记录（$PageSize）？当前是第几页（$CurrentPageID）？至于其他的参数，比如：上一页（$PreviousPageID）、下一页（$NextPageID）、总页数（$numPages）等，都可以根据前边这几个参数得到。

以 MySQL 数据库为例，如果要从表内截取某段内容，SQL 语句可以用：select * from table limit offset, rows。看看下面一组 SQL 语句，尝试一下发现其中的规律。

前 10 条记录：select * from table limit 0,10

第 11 至 20 条记录：select * from table limit 10,10

第 21 至 30 条记录：select * from table limit 20,10

……

这一组 SQL 语句其实就是当$PageSize=10 的时候取表内每一页数据的 SQL 语句，我们可以总结出这样一个模板：

select * from table limit ($CurrentPageID - 1) * $PageSize, $PageSize

拿这个模板代入对应的值和上边那一组 SQL 语句对照一下，完全正确，剩下的就仅仅是传递参数，构造合适的 SQL 语句，然后使用 PHP 从数据库内获取数据并显示。以下将用具体代码加以说明。

（2）简单代码举例。

```php
<?php
// 建立数据库连接
$link = mysql_connect("localhost", "mysql_user", "mysql_password")
    or die("Could not connect: " . mysql_error());
// 获取当前页数
if( isset($_GET['page']) ){
   $page = intval( $_GET['page'] );
}
else{
   $page = 1;
}
// 每页数量
$PageSize = 10;
// 获取总数据量
$sql = "select count(*) as amount from table";
$result = mysql_query($sql);
$row = mysql_fetch_row($result);
$amount = $row['amount'];
// 记算总共有多少页
if( $amount ){
   if( $amount < $page_size ){ $page_count = 1; }    //如果总数据量小于$PageSize，那么只有一页
   if( $amount % $page_size ){                        //取总数据量除以每页数的余数
       $page_count = (int)($amount / $page_size) + 1; //如果有余数，则页数等于总数据量除以每页数的结果取整再加 1
   }else{
       $page_count = $amount / $page_size;            //如果没有余数，则页数等于总数据量除以每页数的结果
   }
}
else{
   $page_count = 0;
}
// 翻页链接
$page_string = '';
if( $page == 1 ){
```

```
    $page_string .= '第一页|上一页|';
}
else{
    $page_string .= '<a href="/?page=1>";第一页</a>|<a href="/?page='.($page-1).'>上一页</a>|';
}
if( ($page == $page_count) || ($page_count == 0) ){
    $page_string .= '下一页|尾页';
}
else{
$page_string .= '<a href="/?page='.($page+1).'>下一页</a>|<a href="/?page='.$page_count.'>尾页</a>';
}
// 获取数据，以二维数组格式返回结果
if( $amount ){
    $sql = "select * from table order by id desc limit ". ($page-1)*$page_size .", $page_size";
    $result = mysql_query($sql);
    while ( $row = mysql_fetch_row($result) ){
        $rowset[] = $row;
    }
}else{
    $rowset = array();
}
// 没有包含显示结果的代码，那不在讨论范围，只要用 foreach 就可以很简单地用得到的二维数组来显示结果
?>
```

4.10　班级读物功能模块

任务 1　完成 classreadings.php 页面设计

【任务描述】

用户单击左侧导航"班级读物"链接，进入班级读物 classreadings.php 页面。该页面主要完成以下功能：添加班级读物（文章）、修改班级读物、删除班级读物、显示班级读物列表、显示班级读物内容。

【任务分析】

该页面主要是显示班级读物列表，并提供发布文章、修改文章、删除文章等功能的链接，效果图如图 4-57 所示，发布了文章后的班级读物界面如图 4-58 所示。点击发布文章后的界面如图 4-59 所示。

班级读物				
文章标题	发布时间	发布人	修改	删除
发布文章				共有0篇文章

图 4-57　班级读物

班级读物				
文章标题	发布时间	发布人	修改	删除
定岗实习手册填写注意事项	2011-06-08	ygs	修改	删除
发布文章				共有1篇文章

图 4-58　发布文章后的班级读物

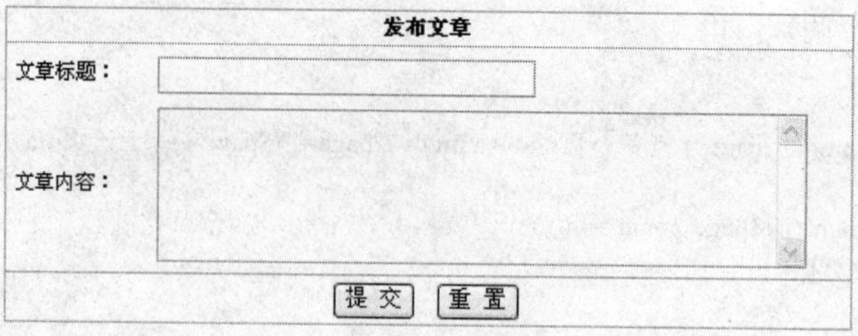

图 4-59 发布文章

【实施步骤】

（1）利用头部、底部和左侧文件完成页面框架结构。

（2）在页面右侧插入表格完成标题"班级读物"以及文章标题、发布时间、发布人、修改、删除等内容显示，参考代码如下：

```
<table border="1" cellspacing="0" cellpadding="2" bordercolorlight="#00ff00" bordercolordark="#FFFFFF">
<tr>
<td colspan="5" align="center"><b>班级读物<b></td>
</tr>
<tr align="center" bgcolor="#B4EEB4">
    <td width="392">文章标题<?echo $message;?></td>
    <td width="111">发布时间</td>
    <td width="100">发布人</td>
    <td width="60">修改</td>
    <td width="55">删除</td>
</tr>
```

（3）当用户需要发布文章时点击"发布文章"，发布文章主要填写发布文章标题及发布文章内容组成。

1）利用表单和表格完成发布文章页面设计。

2）表单提交给 classreadings.php 页面处理，并传递参数 add=1，需要注意在最后一行增加了一个隐藏域传递 classid。

```
<td align="center">
<input type="submit" value="提 交" class=text>
<input type="hidden" value="<?echo $_GET["classid"];?>" name="classid" class=text>
<input type="reset" name="Submit2" value="重 置" class=text>
</td>
```

任务 2　实现 classreadings.php 页面功能

【任务描述】

本任务首先把用户提交的文章信息如文章标题、文章内容保存到 readings 中，然后在页面对应位置显示出来，要求实现修改文章、删除文章等功能。

【任务分析】

任务中获取表单内容插入数据表 reading 中，使用 PHP 访问 SQL 对应的函数实现，然后利用记录集读取表中对应字段的值显示在正确位置上。修改功能利用 SQL 修改语句 update，删除功能利用 SQL 的 delete 语句来实现。

【实施步骤】

（1）在 classreadings.php 页面中获取页面 readings.php 提交的文章标题、文章内容、班级 id、发布文章时间、发布人等信息保存到表 reading 表中，参考代码如下所示。

```php
$title = $_POST["title"];
    $classid = $_POST["classid"];
    $pubtime = date("Y-m-d H:i:s");
    $pubuser = $_SESSION["username"];
    $content = $_POST["content"];
    $sqladd ="INSERT INTO 'reading' ('id', 'classid', 'title', 'pubtime', 'pubuser', 'content') ";
    $sqladd .="VALUES ('', '{$classid}', '{$title}', '{$pubtime}', '{$pubuser}', '{$content}')";
    if(mysql_query($sqladd))
    {
        $message = "添加完成";
        $id = mysql_insert_id();
        header("Location:classreadings.php?classid=$classid");
    }
    else
    {
        $message = "添加失败，数据库错误";
    }
```

（2）显示发布文章的信息。利用循环语句将保存到表 reading 中的对应字段值显示在对应位置。

```php
<?while($row = mysql_fetch_array($res))
{?>
<tr><td width="392"><a href="classreadings.php?artpage=
artshow&artshowid=<?echo $row["id"]?>" target="_blank"> <?echo $row["title"];?></a></td>
<td width="111" align="center"> <?echo $row["pubtime"];?></td>
<td width="100" align="center"> <?echo $row["pubuser"];?></td>
</tr>
<?}?>
```

（3）显示共有多少篇文章，利用函数 mysql_num_rows 计算记录条数并显示。

（4）实现修改班级读物信息功能。

1）在 classreadings.php 页面给修改增加超链接并传递相关参数。

```php
<td width="60" align="center"><a href="classreadings.php?artpage=artxiu&artxiuid=<?echo $row["id"]?>">修 改</a></td>
```

2）在 readings.php 页面增加根据参数$artpage 的判读，如果$artpage==add 表示用户需要发布文章，如果$artpage==modify 表示用户需要修改文章信息。

```php
<?
    if($artpage=="artxiu")
    {
        $rid = $_GET["artxiuid"];
        $sql = "select * from reading ";
        if ($rid !="")
        {
            $sql .= "where id='$rid'";
        }
                $res= mysql_query($sql);
                $row = mysql_fetch_array($res);

            ?>
<form name="form1" method="post" action="classreadings.php?modify=1">
```

3）点击"修改"，进入修改界面如图 4-60 所示，界面实现代码如下所示。

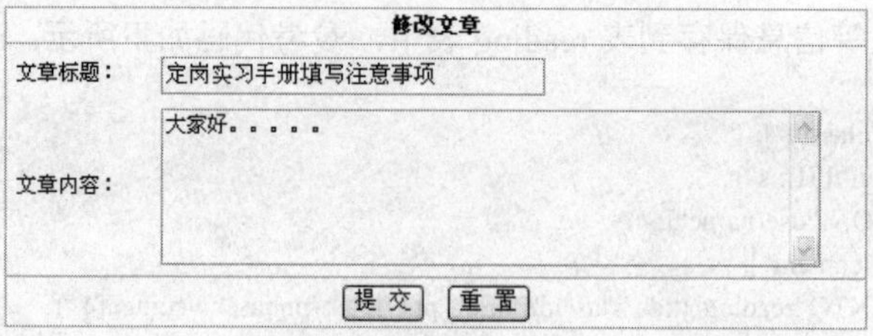

图 4-60 修改文章

```
<table width="500" border="1" cellspacing="0" cellpadding="2" align="center" bordercolorlight="#00ff00" bordercolordark="#FFFFFF">
    <tr align="center">
   <td><b><font color="#000066">修改文章</font></b></td></tr>
    <tr> <td>
<table width="100%" border="0" cellspacing="0" cellpadding="3">
     <tr>
       <td width="17%">文章标题：</td>
       <td width="83%">
<input type="text" name="title" size="30" class=text value="<?echo $row["title"]?>">
     </td></tr>
     <tr>
       <td width="17%">文章内容：</td>
<td width="83%">
   <textarea name="content" cols="60" rows="6" class=text value=<?echo $row["content"]?>><?echo $row["content"]?></textarea>
     </td></tr> </table>
```

4）在 classreadings.php 页面中，如果获取到参数$modify==1 表示用户修改了文章信息，获取新的内容并更新数据库中的记录，修改后界面如图 4-61 所示。

```
if($_GET["modify"] == "1")
{
    $id = $_POST["rid"];
    $title = $_POST["title"];
    $content = $_POST["content"];
    $sqlmodify = "UPDATE 'reading' SET 'title' = '{$title}', 'content' = '{$content}' WHERE 'id' = '{$id}' LIMIT 1";
    if(mysql_query($sqlmodify))
    {
        $message = "修改完成";
        header("Location:classreadings.php?classid=$classid");
    }
    else
    {
        $message = "修改失败，数据库错误";
    }
}
```

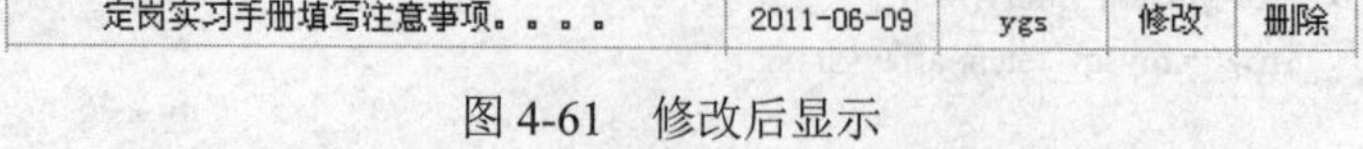

图 4-61 修改后显示

（5）删除文章信息功能实现，操作界面如图 4-62 所示，提示用户是否确定删除文章，单击"确定"按钮，将发布文章删除。

图 4-62 删除文章

1）在 classreadings.php 页面给删除增加超链接并传递相关参数。

```
<td width="55" align="center"><a href="classreadings.php?delartid=
<?echo $row["id"]?>" onclick="doDel('<?echo $row["title"];?>','<?php echo $row["id"]; ?>');">删除</a></td>
```

2）如果$delartid 不为空，就删除对应的那条记录。

```
if($_GET["delartid"]!="")
{
   $id = $_GET["delartid"];
   $sql = "delete from 'reading' where 'id' = '{$id}'";
   mysql_query($sql);
}
```

3）利用 javascript 编写删除提示警告框。

```
<script language="javascript">
    function doDel(title,id,ref)
    {
        ref='<?php echo $_SERVER['HTTP_REFERER']; ?>';// 可以得到链接/提交当前页的父页面 URL
        if(confirm('你确定要删除 '+title+'么？'))
            location.href='classreadings.php?delartid='+id+'&ref='+ref;
    }
</script>
```

（6）阅读相关文章具体内容。

1）在文章标题增加链接，当用户点击时可以查看具体内容。

```
<tr><td width="392"><a href="classreadings.php?
artpage=artshow&artshowid=<?echo $row["id"]?>"
target="_blank"> <?echo $row["title"];?></a></td>
```

2）在 classreadings.php 页面增加代码，如果$artpage==artshow，表示用户想看文章的具体内容，因此通过 classreadings.php 页面显示出来，如图 4-63 所示（查询表 reading 获取记录的数据，按要求显示）。

图 4-63 显示文章内容

```
<?
if($artpage=="artshow")
    {
        $rid = $_GET["artshowid"];
```

```
            $sql = "select * from reading ";
        if ($rid !="")
            {
                $sql .= "where id='$rid'";
            }
        $res= mysql_query($sql);
        $row = mysql_fetch_array($res);
?>
<table width="500" border="0" cellspacing="0" cellpadding="0" align="center">
<tr>
    <td align="center"><b><?echo $row["title"];?></b></td>
</tr>
<tr>
    <td align="center">发布时间：<?echo $row["pubtime"];?>
发布人：<?echo $row["pubuser"];?></td></tr>
<tr>
<td align="center"> <hr size="1" noshade color="#B5E1F7"></td></tr>
<tr>
    <td><?echo $row["content"];?></td></tr>
</table>
```

【项目总结】

整个项目通过以"健雄职业技术学院同学系统"为例，详细说明了 PHP 与 MySQL 结合如何开发小型系统和动态网站的完整过程，其中主要阐述了系统的注册登录功能、系统首页班级首页、创建班级加入班级查询班级、个人资料修改、班级读物、班级留言等功能模块的实现。

【拓展任务】

系统班级相簿功能主要利用文件上传下载模块实现。将班级同学提供的照片上传到同学录系统，然后可以互相浏览照片，文件上传/下载的模块结构图如下：

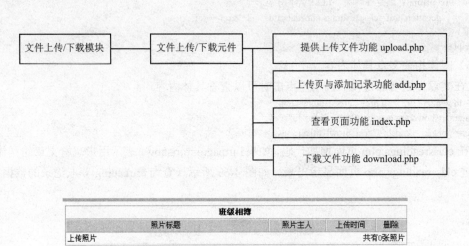

班级相簿			
照片标题	照片主人	上传时间	删除
cvbv	ygs	2011-05-29 03:39:52	删除
周华健-花旦	ygs	2011-06-12 03:00:23	删除
上传照片			共有2张照片

5 系统移植

【任务引导】

PHP 可以运行在多种操作系统下，其中包括 Linux 和 Windows。在两种系统下开发的系统可以互相移植而不影响系统的运行，这是因为 PHP、MySQL 有跨平台的性能，能够在不同的平台上运行，这也是 PHP 的一大优点。

【知识目标】

1. 知道 MySQL 数据库导入、导出命令；
2. 知道 Linux 修改权限命令；
3. 知道 Linux 和 Windows 文件共享的几种方法；
4. 知道 Linux 和 Windows 下 Web 服务器主目录设置方法。

【能力目标】

1. 会 MySQL 数据库导入、导出数据；
2. 会 phpMyAdmin 导入、导出数据；
3. 会 Linux 和 Windows 文件共享；
4. 会 Linux 文件及文件夹权限设置；
5. 会 Linux 和 Windows 服务器主目录配置。

任务1 系统从 Linux 移植到 Windows

【任务描述】

在 Linux 下开发的系统现在需要在 Winsows 系统下运行，要求把系统文件、数据库从 Linux 中导出到 Windows 中，在 Windows 中搭建好 PHP 的运行环境，并运行系统。

【任务分析】

在 Linux 下导出 MySQL 数据库可以直接使用命令实现，系统文件可以利用 VMware 中文件共享的功能，非常简单方便，导出的数据库文件在 Windows 下使用 phpMyAdmin 软件导入到 MySQL 数据库中，然后将系统文件存放到 Web 服务器的根目录下，可以实现系统从 Linux 移植到 Windows 中。

【实施步骤】

（1）导出数据库。

打开 Linux 系统终端，在命令提示符下进入 MySQL 数据库，使用导出数据库命令将系统数据库导出为文件 class.sql，具体操作如图 5-1 所示。

```
[root@localhost root]# mysqldump -u root -p class >class.sql
Enter password:
[root@localhost root]# ls
class.sql  hello  hello world  lydb.sql  passwd.txt  sx  test  test.sh  trash  user.txt  world
[root@localhost root]#
```

图 5-1　导出数据库

（2）从 Linux 备份系统文件。

通过 VMware 提供的文件共享功能，如图 5-2 所示，在 Windows 中设置共享文件夹，如 lk，然后将系统整个文件夹通过命令复制到 Windows 设置的共享文件夹 lk 中，实现系统文件从 Linux 备份到 Windows。

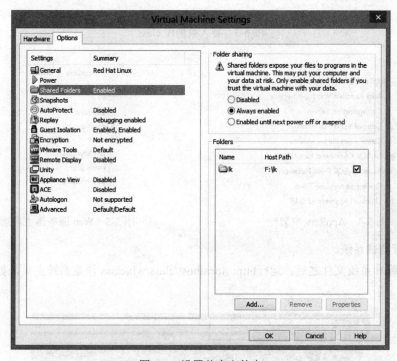

图 5-2　设置共享文件夹

#cd /var/www/html

#cp -r class /mnt/hgfs/lk

（3）在 Windows 导入数据库。

打开 phpMyAdmin 软件，先创建一个空的数据库 class，然后将从 Linux 中导出的数据库文件 class.sql 导入数据库 class 中，具体操作如图 5-3 所示。

（4）搭建并启动 WAMP 环境。

在 Windows 中安装好 Apache、PHP、MySQL 并配置启动服务，可以分别安装每一个软件也可以安装使用软件一次安装好整个环境，具体安装配置可以参见项目一环境搭建，这里使用软件 AppServ 配置 WAMP 环境，安装好后程序如图 5-4 所示，然后将从 Linux 中导出的系统文件复制到 Web 服务器的根目录下，这里复制到 WWW 目录下，如图 5-5 所示。

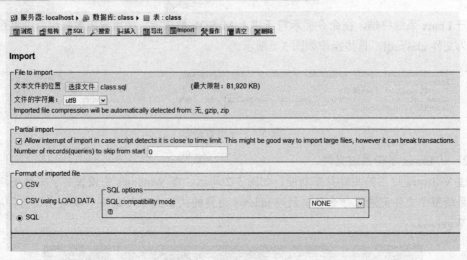

图 5-3　导入数据库 class

图 5-4　AppServ 安装　　　　　　　图 5-5　Web 服务器主目录

（5）运行测试系统。

导入数据库和系统文件之后，运行http://localhost/class/wjxclass 预览系统主页，如图 5-6所示，完成系统移植。

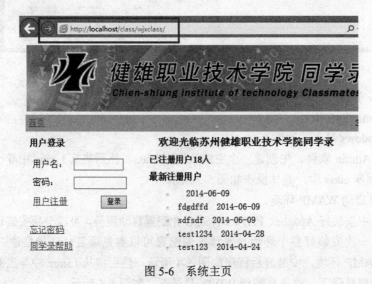

图 5-6　系统主页

任务 2 系统从 Windows 移植到 Linux

【任务描述】

在 Windows 下开发的系统现在需要在 Linux 系统下运行，要求把系统文件、数据库从 Windows 中导出到 Linux 中，在 Linux 中搭建好 PHP 的运行环境，并运行系统。

【任务分析】

在 Windows 下导出 MySQL 数据库可以直接使用 phpMyAdmin 软件实现，系统文件可以利用 VMware 中文件共享的功能非常简单方便，导出的数据库文件在 Linux 下使用命令导入到 MySQL 数据库中，然后将系统文件存放到 Web 服务器的根目录下，注意修改文件夹的权限，可以实现系统从 Windows 移植到 Linux 中。

【实施步骤】

（1）导出数据库。

在 Windows 中使用 phpMyAdmin，导出数据库 class，导出后的文件名称也是 class.sql，具体操作如图 5-7 所示。

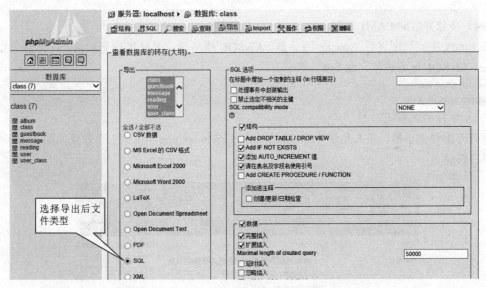

图 5-7 数据库导出

（2）从 Windows 备份系统文件。

将系统文件夹（如 class）复制到 Linux 和 Windows 共享的文件夹（如 lk），这样复制后的文件夹在 Linux 系统中挂载到 mnt/hgfs/lk，在 Linux 中进入该目录就可以看到 class 文件夹所有内容，使用 copy 复制 class 到 Linux 下 Apache 服务器的主目录/var/www/html 中，具体操作如图 5-8 所示，复制后的文件需要修改权限，让用户对所有文件具有可读、可写的操作。

```
[root@localhost root]# cd /mnt/hgfs/lk
[root@localhost lk]# cp -r class /var/www/html
[root@localhost lk]# cd /var/www/html
[root@localhost html]# chmod -R 777 class
[root@localhost html]# _
```

图 5-8 拷贝系统文件

（3）在 Linux 系统导入数据库。

首先将数据库文件从 Windows 中备份到 Linux 系统中，然后使用命令方式导入数据库，具体操作见图 5-9 所示。

```
[root@localhost root]# cd /mnt/hgfs/lk
[root@localhost lk]# cp class.sql /root
[root@localhost lk]# mysql
Welcome to the MySQL monitor.  Commands end with ; or \g.
Your MySQL connection id is 1 to server version: 3.23.54

Type 'help;' or '\h' for help. Type '\c' to clear the buffer.

mysql> create database class;
Query OK, 1 row affected (0.00 sec)

mysql> use class;
Database changed
mysql> source /root/class.sql
Query OK, 0 rows affected (0.00 sec)

Query OK, 0 rows affected (0.00 sec)

Query OK, 0 rows affected (0.00 sec)

Query OK, 0 rows affected (0.08 sec)

Query OK, 0 rows affected (0.01 sec)
```

图 5-9　数据库导入

（4）搭建并启动 LAMP 环境。

在 Linux 中安装配置好 Apache 服务器、MySQL 服务器，具体操作见项目一，然后分别启动 Apache、MySQL 服务进程，命令如下所示。

```
#service httpd start
#service mysqld start
```

（5）运行测试系统。

打开万维网浏览器，输入地址 http://localhost/class/index.php，预览主页效果如图 5-10 所示，完成系统移植。

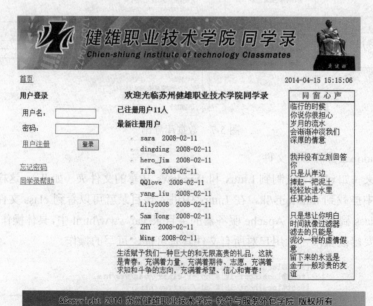

图 5-10　系统主页

【项目总结】

本项目的主要任务是实现在不同操作系统平台间移植开发好的网站或者系统，在 Windows、Linux 系统中分别安装好所需要的软件后，将数据库进行导入或导出、系统文件导入或导出、Windows 和 Linux 系统文件共享后，可以轻松实现系统移植。

6 Linux 基本操作

【任务引导】
要利用 LAMP 技术开发网站或者系统，首先要学会 Linux 操作系统的使用，因为 LAMP 技术的平台是 Linux 操作系统。Linux 操作系统的学习内容非常多，根据 LAMP 环境搭建的实际需要来选择必备的 Linux 操作学习，如用户设置、切换、安装不同类型的软件、Linux 中编辑器的使用以及常用命令。

【能力目标】
1. 会虚拟机软件使用；
2. 会 Linux 操作系统安装；
3. 会 Linux 系统文件、目录常用命令；
4. 会 Linux 系统软件安装与卸载；
5. 会 Linux 下 vi 文本编辑器的使用。

【知识目标】
1. 理解 Linux 常用文件系统概念；
2. 掌握 Linux 目录和目录结构；
3. 熟练掌握 Linux 文件和目录常用命令；
4. 熟练掌握 vi 编辑器常用命令；
5. 熟练掌握 Linux 软件安装命令。

任务 1 在虚拟机中安装 Linux 操作系统

【任务描述】
学习安装 Linux 操作系统是使用 Linux 系统的第一步，也是最基本的。这里通过在虚拟机中安装 Linux 系统，这样既可以学习 Linux 的安装，也不影响正常系统使用。

【任务分析】
在虚拟机上安装 Linux 操作系统，首先需要掌握 VMware 软件的使用，然后需要掌握 Linux 系统安装流程，特别要注意分区、密码设置等。

【实施步骤】
（1）启动虚拟机软件 VMware，新建虚拟机名称为 Linux，保存在 c:/linux 文件夹中，网络类型选择虚拟网桥(思考:什么是虚拟网桥?是否还有其他联网方式分别是什么?)。

(2)准备安装 Red Hat Linux 操作系统,设置虚拟机光驱指向 Linux 操作安装的镜像文件,如图 6-1、图 6-2 所示。

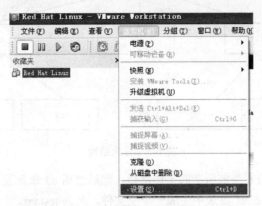

图 6-1 创建 Linux 虚拟机

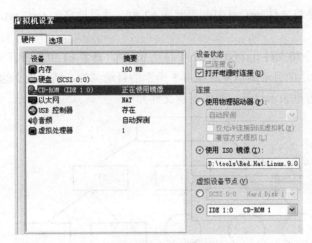

图 6-2 设置镜像文件

(3)启动 Linux 虚拟机开始安装,安装过程请参考本项目的相关知识中关于 Red Hat Linux 安装过程,需要注意以下几点:

1)按提示分别插入第 2、3 张光盘,也就是指向第 2、3 张光盘的镜像,方法同上。
2)安装的类型选择服务器版,相关软件包的安装选择根据实际情况选择。
3)root 账户的密码统一设置为 123456。
4)创建分区的时候请特别注意,选择手动分区或自动分区时,注意不要删除系统中原有系统。

任务 2 Linux 文件和目录操作命令

【任务描述】

(1)分别使用图形界面和字符界面设置用户账号和密码,然后用新设置的账户登录系统,登录系统后再使用 su 命令切换回 root 用户。

(2)使用 mkdir 命令在目录(/root)下建立如图 6-3 所示的目录结构。

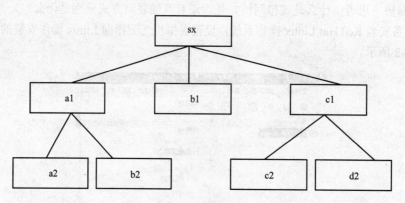

图 6-3 目录结构

（3）使用 pwd 命令查看当前所在的工作路径，然后使用 cd 命令进入目录 a1。
（4）使用 touch 命令在 a1 目录中生成一个空文件，名为 test.txt。
（5）使用 cp 命令将文件 test.txt 复制到目录 c2 中，并查看文件是否被复制到 c2 中。
（6）使用 cp 命令将文件 test.txt 复制到目录 a2 中，并且改名为 test2.txt，查看 a2 中是否存在 test2.txt 文件。
（7）使用 mv 命令将文件 test.txt 从 a1 中移动 b1 中，查看 b1 中是否有 test.txt 文件。
（8）将图 6-4 所示的目录结构变成图 6-5 所示的目录结构。请用最少的命令完成操作，并写出所用的命令（图中方框表示目录，圆圈表示文件）。

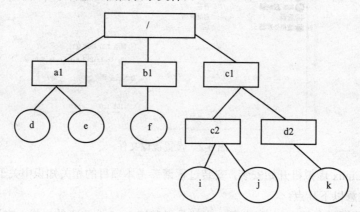

图 6-4 原目录结构

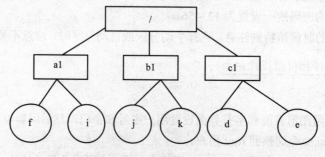

图 6-5 新目录结构

第 6 章 Linux 基本操作

【任务分析】

任务通过对命令对文件、目录的操作，目的在字符界面下熟练使用 Linux 系统。

【实施步骤】

（1）图形界面设置步骤在桌面双击"从这里开始"→"系统设置"→"用户和群组"→"用户管理"→"添加用户"，结果如图 6-6 所示。

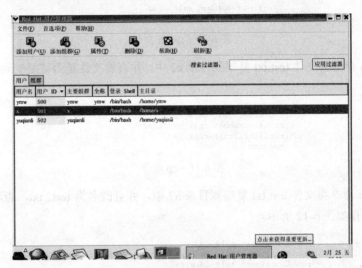

图 6-6　添加用户后用户信息

使用命令创建用户，并用新用户登录系统，登录后再切换回 root 用户的操作如图 6-7 所示。

```
Last login: Wed Sep 24 10:49:32 2014 from 192.168.21.100
[root@localhost root]# useradd liukun
[root@localhost root]# passwd liukun
Changing password for user liukun.
New password:
BAD PASSWORD: it is too simplistic/systematic
Retype new password:
passwd: all authentication tokens updated successfully.
[root@localhost root]# su liukun
[liukun@localhost root]$ su root
Password:
```

图 6-7　创建用户命令

（2）使用 mkdir 命令在目录（/root）下建立目录结构过程如图 6-8 所示。

```
[root@localhost root]# mkdir sx
[root@localhost root]# cd sx
[root@localhost sx]# mkdir a1 b1 c1
[root@localhost sx]# cd a1
[root@localhost a1]# mkdir a2 b2
[root@localhost a1]# cd ..
[root@localhost sx]# cd b1
[root@localhost b1]# ls
[root@localhost b1]# cd ..
[root@localhost sx]# cd c1
[root@localhost c1]# mkdir c2 d2
[root@localhost c1]# ls
c2  d2
```

图 6-8　创建目录

（3）使用 pwd 命令查看当前所在的工作路径，然后使用 cd 命令进入目录 a1，操作如图 6-9 所示。

```
[root@localhost root]# pwd
/root
[root@localhost root]# cd sx/a1
```

图 6-9 pwd 命令

（4）使用 touch 命令在 a1 目录中生成一个空文件，名为 test.txt，操作如图 6-10 所示。

```
[root@localhost sx]# cd a1
[root@localhost a1]# touch test.txt
```

图 6-10 touch 命令

（5）使用 cp 命令将文件 test.txt 复制到目录 c2 中，并查看文件是否被复制到 c2 中，操作如图 6-11 所示。

```
[root@localhost sx]# cp a1/test.txt c1/c2
[root@localhost sx]# cd c1/c2
[root@localhost c2]# ls
test.txt
```

图 6-11 cp 命令

（6）使用 cp 命令将文件 test.txt 复制到目录 a2 中，并且改名为 test2.txt，查看 a2 中是否存在 test2.txt 文件，操作如图 6-12 所示。

```
[root@localhost c1]# cd ..
[root@localhost sx]# cp a1/test.txt a1/a2/test2.txt
[root@localhost sx]# cd a1/a2
[root@localhost a2]# ls
test2.txt
```

图 6-12 cp 命令

（7）使用 mv 命令将文件 test.txt 从 a1 中移动 b1 中，查看 b1 中是否有 test.txt 文件，操作如图 6-13 所示。

```
[root@localhost a2]# mv /root/sx/a1/test.txt /root/sx/b1
[root@localhost a2]# cd /root
[root@localhost a1]# cd ..
[root@localhost sx]# cd b1
[root@localhost b1]# ls
test.txt
```

图 6-13 mv 命令

（8）创建原来目录结构命令：

mkdir /a1
mkdir /b1
mkdir –p /c1/c2
mkdir –p /c1/d2
touch /a1/d
touch /a1/e
touch /b1/f
touch /c1/c2/i
touch /c1/c2/j
touch /c1/d2/k

变成新目录结构命令：
mv /a1/d /a1/f
mv /a1/e /a1i
mv /b1/f /b1/j

```
touch /b1/k
rm –r /c1/c2
rm –r /c1/d2
touch /c1/d
touch /c1/e
```

任务 3　Linux 下 vi 编辑器使用

【任务描述】

（1）使用 vi 编辑器创建文件 test1.txt，打开后从编辑模式进入到插入模式（按键盘上的 i、o、a 三键中任意一个键），在插入模式中输入如下一段话：

> If you were a teardrop;In my eye,
> For fear of losing you,I would never cry.
> And if the golden sun,Should cease to shine its light,
> Just one smile from you,Would make my whole world bright.

（2）从插入模式进入编辑模式（按 Esc 键），复制第 1 行到文件末。

（3）在每行的行首增加字符串 LAMP。

（4）在每行的行尾添加 APACHE。

（5）将整个文件中的 I 替换为特定字符串 HELLO。

（6）将 1 到 4 行的 you 换成 YOU。

（7）将 1 行到 4 行之间的内容拷贝到第 6 行下。

（8）将 6 行到 10 行之间的内容删除。

（9）给每行增加行号。

（10）输入":"进入命令模式，输入"wq"保存并退出。

【任务分析】

任务通过实例要求，熟练掌握 Linux 下 vi 编辑器三种模式切换、常用命令使用，为在 Linux 下修改服务器配置文件、编写代码打基础。

【实施步骤】

（1）# vi test1.txt 然后输入内容，如图 6-14 所示。

```
If you were a teardrop;In my eye;
For fear of losing you,I would never cry.
And if the golden sun,Should cease to shine its light,
Just one smile from you,Would make my whole world bright.
~
```

图 6-14　创建 test1 文本

（2）操作如下：光标移动到第 1 行行首，按大写字母 YY 键，这是当前行的内容复制到缓冲区；接着移动光标到指定行（文件末尾）按小写字母 p 键，这样就复制了第 1 行，操作如图 6-15 所示。

```
If you were a teardrop;In my eye;
For fear of losing you,I would never cry.
And if the golden sun,Should cease to shine its light,
Just one smile from you,Would make my whole world bright.
If you were a teardrop;In my eye;
```

图 6-15　复制第 1 行

（3）:g/^/s//LAMP/g，操作如图 6-16 所示。

```
LAMPIf you were a teardrop;In my eye;
LAMPFor fear of losing you,I would never cry.
LAMPAnd if the golden sun.Should cease to shine its light,
LAMPJust one smile from you,Would make my whole world bright.
LAMPIf you were a teardrop;In my eye;
```

图 6-16　行首增加"LAMP"

(4)　:g/$/s//APACHE/g，操作如图 6-17 所示。

```
LAMPIf you were a teardrop;In my eye;APACHE
LAMPFor fear of losing you,I would never cry.APACHE
LAMPAnd if the golden sun.Should cease to shine its light,APACHE
LAMPJust one smile from you,Would make my whole world bright.APACHE
LAMPIf you were a teardrop;In my eye;APACHE
```

图 6-17　行末增加"APACHE"

(5)　:%s/I/HELLO/g，操作如图 6-18 所示。

```
LAMPHELLOf you were a teardrop;HELLOn my eye;APACHE
LAMPFor fear of losing you,HELLO would never cry.APACHE
LAMPAnd if the golden sun.Should cease to shine its light,APACHE
LAMPJust one smile from you,Would make my whole world bright.APACHE
LAMPHELLOf you were a teardrop;HELLOn my eye;APACHE
```

图 6-18　用"HELLO"替换"I"

(6)　:1,4 s/you/YOU/，操作如图 6-19 所示。

```
LAMPHELLOf YOU were a teardrop;HELLOn my eye;APACHE
LAMPFor fear of losing YOU,HELLO would never cry.APACHE
LAMPAnd if the golden sun.Should cease to shine its light,APACHE
LAMPJust one smile from YOU,Would make my whole world bright.APACHE
LAMPHELLOf you were a teardrop;HELLOn my eye;APACHE
```

图 6-19　"you"替换成"YOU"

(7)　:1,4 co 5，操作如图 6-20 所示。

```
LAMPHELLOf YOU were a teardrop;HELLOn my eye;APACHE
LAMPFor fear of losing YOU,HELLO would never cry.APACHE
LAMPAnd if the golden sun.Should cease to shine its light,APACHE
LAMPJust one smile from YOU,Would make my whole world bright.APACHE
LAMPHELLOf you were a teardrop;HELLOn my eye;APACHE
LAMPHELLOf YOU were a teardrop;HELLOn my eye;APACHE
LAMPFor fear of losing YOU,HELLO would never cry.APACHE
LAMPAnd if the golden sun.Should cease to shine its light,APACHE
LAMPJust one smile from YOU,Would make my whole world bright.APACHE
```

图 6-20　复制 1～4 行

(8)　:6,9 d，操作如图 6-21 所示。

```
LAMPHELLOf YOU were a teardrop;HELLOn my eye;APACHE
LAMPFor fear of losing YOU,HELLO would never cry.APACHE
LAMPAnd if the golden sun.Should cease to shine its light,APACHE
LAMPJust one smile from YOU,Would make my whole world bright.APACHE
LAMPHELLOf you were a teardrop;HELLOn my eye;APACHE
```

图 6-21　删除 6～9 行

(9)　:set nu，操作如图 6-22 所示。

```
     1 LAMPHELLOf YOU were a teardrop;HELLOn my eye;APACHE
     2 LAMPFor fear of losing YOU,HELLO would never cry.APACHE
     3 LAMPAnd if the golden sun.Should cease to shine its light,APACHE
     4 LAMPJust one smile from YOU,Would make my whole world bright.APACHE
     5 LAMPHELLOf you were a teardrop;HELLOn my eye;APACHE
```

图 6-22 设置行号

（10）:wq，保存退出。

任务 4 Linux 软件包安装

【任务描述】

在 Linux 操作系统中安装后缀分别是 rpm、tar.bz2、tar.gz 的软件，目的是学习不同类型的软件在 Linux 中的安装步骤和安装命令。

【任务分析】

在使用 Linux 系统的过程中，软件包的安装是避免不了的。在 Linux 下，软件安装程序的种类很多，安装方法也各式各样，不过我们常见的软件包有两种：

（1）含有软件的源代码的压缩包，解压后需要手动编译。这种软件安装包通常是用 gzip 压缩过的 tar 包（后缀为.tar.gz）。一般安装过程如下：

./configure （配置）

make （编译）

make install （安装）

make clean （卸载）

（2）软件的可执行程序，只要安装它就可以了。这种软件安装包叫做 RPM 包，后缀是.rpm。当然，还有用 rpm 格式打包的源代码；用 gzip 压缩过的可执行程序包。

【实施步骤】

（1）以安装 jre-7u51-linux-x64 为例说明 rpm 包安装过程，具体操作见图 6-23 所示。

```
[mo@localhost Desktop]$ su -
Password:
[root@localhost ~]# cd /mnt/hgfs/share/
[root@localhost share]# ll
total 81396
-rwxrwxrwx. 1 root root 133136805 Mar 26 22:41 hadoop-2.3.0.tar.gz
-rwxrwxrwx. 1 root root  33560056 Mar 27 00:36 jre-7u51-linux-x64.rpm
[root@localhost share]# rpm -ivh jre-7u51-linux-x64.rpm
Preparing...                ########################################### [100%]
   1:jre                    ########################################### [100%]
Unpacking JAR files...
        rt.jar...
        jsse.jar...
        charsets.jar...
        localedata.jar...
        jfxrt.jar...
[root@localhost share]# d
```

图 6-23 rpm 包安装

（2）以安装 Apache 服务器软件包为例说明.tar.gz 软件的安装过程。

1）首先，使用 tar -xzvf 来解开这个包，如：

tar –xzvf apache_1_3_6_tar.gz

这样就会在当前目录中创建了一个新目录（目录名与.tar.gz 包的文件名类似），用来存放解压了的内容。如本例中就是 apache_1.3.6。

2）进入这个目录，再用 ls 命令查看一下所包含的文件，命令如下：
cd apache_1.3.6
ls（观察一下目录中包含了哪一个文件：configure、Makefile 还是 Imake）
如果是 configure 文件，就执行：
./configure
make
make install
如果是 Makefile 文件，就执行：
make
make install
如果是 Imake 文件，就执行：
xmkmf
make
make install
如果没有 install（安装过程）文件例如 rzsz 软件包，就执行
make posix 或# make linux

【项目相关知识点】

1．Linux 系统的安装

Linux 是一套可以免费使用和自由传播的类 UNIX 操作系统，在源代码级上兼容绝大部分 UNIX 标准，是一个支持多用户、多任务、多进程、多线程和多 CPU，功能强大而稳定的操作系统。

以安装 Red Hat Linux 9.0 为例，要求掌握安装一种版本的 Linux 操作系统。

（1）启动安装程序。

把光驱设置成启动设备，从光盘启动安装程序后，就会出现如图 6-24 所示画面。

图 6-24 启动安装程序

安装界面上有 3 个选项供用户选择：

1）如果以图形化模式安装或升级 Linux，请按 Enter 键。

2）如果以文本模式安装或升级 Linux，输入"linux text"，然后按 Enter 键。

3）用下面列出的功能键来获取更多的信息。

因为我们要以图形化模式安装 Red Hat Linux 9，所以直接按 Enter 键，如图 6-25 所示。

"欢迎"对话框不提示用户做任何输入。请阅读左侧面板内的帮助文字来获得附加说明，以及关于如何注册 Red Hat Linux 9 产品的信息。帮助面板默认是打开的，如果用户不想查看帮助信息，可以单击"隐藏帮助"按钮来隐藏帮助面板。

图 6-25　欢迎界面

单击"下一步"按钮继续后面的操作。

（2）语言选择。

在"语言选择"列表框内选择想在安装中使用的语言，如图 6-26 所示。

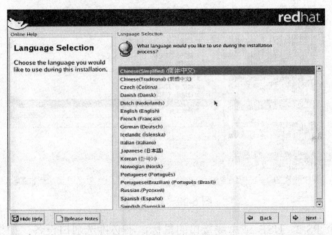

图 6-26　语言选择

选择合适的语言会在稍后的安装中帮助用户方便地定位时区配置，安装程序将会根据用户指定的语言来定义恰当的时区。这里我们选择"简体中文"选项，那么随即用户就可以看到安装界面左侧窗格的在线帮助变成了简体中文显示，并且在接下来的安装过程中屏幕都会以中文字幕进行提示。

当用户选定了语言类型后，单击"下一步"按钮继续。

（3）键盘选择。

用户还需要选择在本次安装中和今后系统默认使用的键盘布局类型（例如美国英语式），如图 6-27 所示。

选定一种类型后，单击"下一步"按钮继续后面的安装。

（4）鼠标配置。

用户还需要为系统选择正确的鼠标类型。如果找不到确切的匹配类型，也可以选择与系统兼容的鼠标类型，如图 6-28 所示。

图 6-27　键盘配置

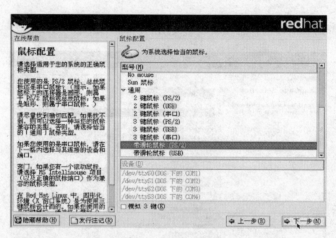

图 6-28　鼠标配置

如果用户有一个 PS/2、USB 或总线接口的鼠标，不必挑选端口设备。如果有一个串口类型的鼠标，则应该选择该鼠标所匹配的正确端口和设备类型。

"模拟 3 键"复选框允许用户像使用 3 键鼠标一样使用双键鼠标。一般来说，3 键鼠标在图形化界面（X 窗口系统）中使用起来比较方便。如果选中这个复选框，可以同时按鼠标的左右键来模拟 3 键鼠标的"中间"键。

（5）选择安装还是升级。

如果安装程序在用户的计算机上检测到以前安装有 Red Hat Linux 系统，就会自动出现"升级检查"对话框。如果想执行升级安装，可以选择"升级现有安装"选项。如果想对在系统上升级的软件包有更大程度的控制，可以选择"定制要升级的软件包"选项。如果要在系统上执行 Red Hat Linux 的全新安装，可以选择"执行 Red Hat Linux 的新安装"选项，然后单击"下一步"按钮。

（6）安装类型。

Red Hat Linux 允许用户选择最符合需要的安装类型，如图 6-29 所示。

"安装类型"的选项有"个人桌面"、"工作站"、"服务器"和"定制"。因为本课程重点介绍的是服务器的配置，所以，选中"服务器"安装类型。

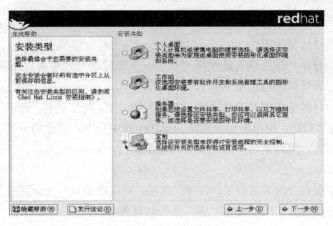

图 6-29　安装类型选择

（7）磁盘分区设置。

磁盘分区允许用户将硬盘分隔成独立的区域，每个区域都是一个独立的驱动器。如果运行不止一个操作系统，分区将特别有用。如图 6-30 所示，在"磁盘分区设置"对话框中，用户可以选择自动分区，或者使用 Disk Druid 来手工分区。

自动分区允许用户不必亲自为硬盘分区而执行安装。如果对磁盘进行分区的经验不足，建议不要选择手工分区，而让安装程序自动进行分区。其实选择手工还是选择自动，完全根据需要，如果是第一次安装 Red Hat Linux，建议选择自动分区，如附图 30 所示。

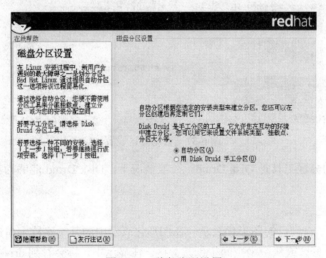

图 6-30　磁盘分区设置

（8）磁盘自动分区。

自动分区在关于哪些数据要从系统中删除（若适用）这一方面允许用户有控制权。可供用户选择的选项有：

1)"删除系统内所有的 Linux 分区"——选择该选项将会删除 Linux 分区（以前安装 Linux 时创建的分区），但不会影响键盘上的其他分区（例如 VFAT 或 FAT32 分区）。

2)"删除系统内的所有分区"——选择该选项将删除硬盘上的所有分区（包括由其他操作系统如 Windows 9x/NT/2000/ME/XP 或 UNIX 所创建的分区）。特别要注意，如果用户选择了这个选项，那么选定的硬盘上的所有数据将会被安装程序删除。如果在安装 Red Hat Linux 的硬盘上有用户想要保留的信息，请不要选择此项。

3)"保留所有的分区，使用现有的空闲空间"——选择这一选项可保留用户当前的数据和分区，但前提是硬盘上有足够的可用空间。

要评审并对自动分区操作创建的分区做一些必要的改变，可以选择"评审"选项。选择"评审"选项后单击"下一步"按钮，用户将会看到在 Disk Druid 中为用户创建的分区。用户还能够对这些已创建的分区进行修改，然后单击"下一步"按钮继续。

(9) 为用户的系统分区。

如果用户选择了自动分区并选择了"评审"选项，可以接受目前的分区设置，或使用手工分区工具 Disk Druid 来修改设置，然后单击"下一步"按钮继续。

接着，用户必须指定要在哪个磁盘分区安装 Red Hat Linux 9。这是通过在将要安装 Red Hat Linux 9 的一个或多个磁盘分区上定义挂载点来做到的。这时，用户可能还需要创建或删除分区，如图 6-31 所示。

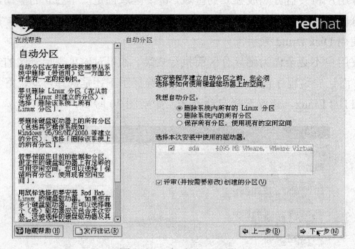

图 6-31　自动分区设置

安装程序使用的分区工具是 Disk Druid。一般情况下，Disk Druid 能够为典型的安装处理分区要求。

1) 硬盘的图形化表示。

Disk druid 提供了对硬盘的图形化表示。在图形化表示中的某一字段上单击来突出显示硬盘状态。双击来编辑某个分区或从空闲空间中创建分区。在显示中，将会看到 drive 名称（如/dev/had）、geom（显示了硬盘的几何属性，包括 3 个数字，分别代表硬盘的柱面、磁头和扇区数量），以及被安装程序检测到的硬盘驱动器 model 等。

2) Disk Druid 按钮。

Disk Druid 按钮控制着 Disk Druid 的行为。它们用来改变一个分区的属性（例如文件系统类型和挂载点），还可用来创建 RAID 设备。这个对话框中的按钮可用来接受用户所做的改变，或用来退出 Disk Druid。下面来看一看这些按钮的作用：

"新建"：用来请求一个新分区。单击后就会出现一个对话框，可以从中设置相应的选项。"编辑"：用来修改在"分区"列表框中选定分区的属性。单击"编辑"按钮打开一个对话框，用户可以根据分区信息是否已被写入磁盘来设置相应的选项。用户还可以编辑图形化显示所表示的空闲空间,或创建一个新分区。"删除":用来删除在"当前磁盘分区"列表框中突出显示的分区。用户会被要求确认对分区的删除。"重设":用来把 Disk Druid 恢复默认选项。如果用户重设分区,以前所做的改变将会丢失。RAID:用来给部分或全部磁盘分区提供冗余性。用户在具备使用 RAID 的经验后才能使用该按钮。要制作一个 RAID 设备,必须首先创建 RAID 分区。如果已创建了两个或两个以上的 RAID 分区,可以单击 RAID 按钮来把 RAID 分区连接为一个 RAID 设备。 LVM:允许用户创建一个 LVM 逻辑卷。LNM(逻辑卷管理器是用来表现基本物理贮存空间的简单逻辑视图)。LVM 管理单个物理磁盘,更确切地说,LVM 管理磁盘上的单个分区。它只有在用户有使用 LVM 的经验时才应使用。要创建 LVM 逻辑卷,用户必须首先创建物理卷(LVM)类型的分区。创建了一个或多个物理卷分区后,可单击 LVM 按钮来创建 LVM 逻辑卷。

3)分区字段。

在分区层次之上的信息是表示用户正创建的分区的标签。这些标签的定义如下:

"设备":该字段显示分区的设备名。

"挂载点 / RAID / Volume":该字段标明分区将被挂载的位置。挂载点是文件在目录层次内存在的位置,如果某个分区存在,但还没有设立,那么用户需要为其定义挂载点。双击分区图标或单击"编辑"按钮来为其定义挂载点。

"类型":该字段显示了分区的类型(例如 ext2、ext3 或 vfat)。

"格式化":该字段显示了正创建的分区是否已被格式化。

"大小(MB)":该字段显示了分区的大小。

"开始":该字段显示了分区在用户的硬盘上开始的柱面。

"结束":该字段显示了分区在用户的硬盘上结束的柱面。

"隐藏 RAID 设备或 LVM 卷组成员":如果用户不想看到创建的 RAID 设备或 LVM 卷组成员,可以选中该复选框。

4)推荐的分区方案。

无论在何种情况下,一定要创建一个根分区和一个交换分区,否则程序无法安装。一般情况下,推荐用户创建下列分区:

①交换(swap)分区(至少 32MB)。

交换分区用来支持虚拟内存。换句话说,当没有足够的内存来存储系统正在处理的数据时,这些数据就被写入交换区。交换分区的最小值应该相当于计算机内存的两倍和 32MB 中较大的一个值。一般来说,交换分区应尽量大些。如果内存空间小于等于 1GB,交换分区至少应该与系统内存空间大小相等。如果内存空间大于 1GB,建议使用 2GB 的交换分区。创建一个有较大空间的交换分区将会在用户未来升级内存的时候特别有用。如附图 32 所示,这里创建了一个 510MB 的交换分区。

②/boot 分区(100MB)。

/boot 分区包含操作系统的内核(允许用户的系统引导 Red Hat Linux),以及其他在引导过程中使用的文件。鉴于多数计算机的 BIOS 限制,创建一个较小的分区来储存这些文件是最佳的选择。对大多数用户来说,100MB 引导分区应该是足够的。

③根分区(1.7~5.0GB)。

这是"/"(根目录)将被加载的位置(即系统安装的位置)。所有文件(除了保存在/boot 分区上的以外)都位于根分区上。一个大小为 1.7GB 的根分区可以容纳与个人桌面或工作站相当的安装内容（只剩极少的空闲空间），而一个大小为 5.0GB 的根分区将会允许用户安装每一个软件包。如果用户是初学者，建议将根分区创建得大一些，至少要大于 5.0GB。这里根据需要创建了一个 3.5GB 的根分区，如图 6-32 所示。

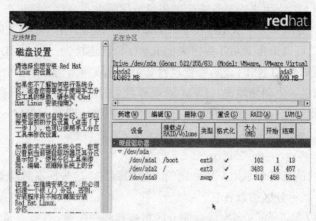

图 6-32　磁盘空间设置

5）添加分区，要添加一个新分区，可单击"新建"按钮，打开"添加分区"对话框。

该对话框中的各选项意义如下：

"挂载点"：在文本框中输入分区的挂载点。例如，如果这个分区是根分区，输入"/"；如果是/boot 分区，输入"/boot"等。用户还可以使用下拉菜单为系统选择挂载点。

"文件系统类型"：在下拉列表中选择用于该分区的合适的文件系统。

"允许的驱动器"：列表框中显示了系统上安装的硬盘列表，如果一个硬盘内容被突出显示，那么在该硬盘上可以创建分区。如果选择前面的复选框内没有被选中，那么这个分区在该硬盘上将不会被创建。使用默认的设置，用户能够使用 Disk Druid 在合适的地方创建分区，或让 Disk Druid 来决定应该创建分区的地方。

"大小（MB）"：输入要创建分区的大小。

"其他大小选项"：选择是否要将分区保留为固定大小，允许它"扩大"（使用硬盘驱动器上的可用空间）到某一程度，或允许它"扩大"到使用全部硬盘驱动器上的剩余空间。如果选择"指定空间大小"选项，则必须在这个选项右侧的文本框内给出大小限制，这会允许用户在硬盘驱动器上保留一定的空间来使用。

"强制为主分区"：选择用户所创建的分区是否是硬盘上的 4 个主分区之一。如果没有选中该复选框，所创建的分区将会是一个逻辑分区。

"检查磁盘坏块"：通过检查磁盘坏块能定位磁盘上的坏块，并将其形成列表以禁止今后使用，从而防止数据丢失。如果想在格式化每一个文件系统时检查磁盘坏块，请确定此选项被选中。选择"检查磁盘坏块"选项会显著增加系统的安装时间。而且多数新型的硬盘驱动器容量都很大，检查坏块可能会用很长时间，时间长短依硬盘驱动器的大小而定。如果用户选择了检查坏块，可以在 5 号虚拟控制台上监视它的进程。

"确定"：当对设置满意并想创建分区的时候，选择该按钮。

"取消"：如果不想创建这个分区，选择该按钮。

Red Hat Linux 允许用户依据分区将使用的文件系统来创建不同的分区类型。下面是对不同的文件系统以及它们的使用方法的简单描述：

①ext2：ext2 文件系统支持标准的 UNIX 文件类型（常规文件、目录、符号链接等）。它还提供了分派长度达 225 个字符文件名的能力。Red Hat Linux 7.2 之前的版本默认使用 ext2 文件系统。

②ext3：ext3 文件系统是基于 ext2 文件系统的，它的主要优点是登记功能。使用登记的文件系统减少崩溃后恢复文件系统所花费的时间，因为它没必要运行 fsck（用来检查文件系统元数据的统一性，还可以用来修复一个或多个 Linux 文件系统）来检查文件系统。在安装 Linux 时，ext3 文件系统会被默认选定，也推荐用户采用。

③物理卷（LVM）：创建一个或多个物理卷（LVM）分区，允许用户创建一个 LVM 逻辑卷。

④软件 RAID：创建两个或多个 RAID 分区，并允许用户创建一个 RAID 设备。

⑤交换空间：交换分区用于支持虚拟内存。如果系统所需的内存空间不够时，这些数据就会被写到交换分区上。

⑥AFAT：AFAT 文件系统是一个 Linux 文件系统，它与 Windows 的 FAT 文件系统的长文件名兼容。

2. Linux 基本操作命令

（1）adduser 命令。

添加新用户使用命令 adduser，格式为：adduser 用户名。

（2）passwd 命令。

为用户设置密码使用命令 passwd，格式为：passwd 用户名，然后根据提示输入两次新密码，特别注意如果 passwd 命令后没有跟用户名，系统默认是修改 root 用户的密码。

（3）su 命令。

su 命令用于使当前普通用户临时切换到管理员（root）身份，使其成为具有与管理员同等权限的超级用户（superuser）。使用完毕后，可通过执行 exit 命令，回到原来的普通用户身份。

（4）shutdown 命令。

shutdown 命令用于重启或关闭 Linux 系统（关机），只能由 root 用户执行。常用功能参数 -h 代表关机动作（halt），-r 代表重启动作（reboot），-now 代表立刻执行当前动作。

（5）mount 与 umount 命令。

用于挂载系统可以识别的文件系统，通常用于挂载光盘、软盘、硬盘等存储设备。格式为：mount 设备文件名 挂载点目录名，将指定的设备挂载到指定的目录。用作挂载点的目录应是空目录，不能含有文件。

（6）chmod 命令。

变更文件或目录的权限。在 UNIX 系统家族里，文件或目录权限的控制分别以读取、写入、执行 3 种一般权限来区分，另有 3 种特殊权限可供运用，再搭配拥有者与所属群组管理权限范围。可以使用 chmod 指令去变更文件与目录的权限，设置方式采用文字或数字代号皆可。符号连接的权限无法变更，如果对符号连接修改权限，其改变会作用在被连接的原始文件。权限范围的表示法如下：

u：User，即文件或目录的拥有者。

g：Group，即文件或目录的所属群组。

o：Other，除了文件或目录拥有者或所属群组之外，其他用户皆属于这个范围。

a：All，即全部的用户，包含拥有者、所属群组以及其他用户。

有关权限代号的部分，列表如下：

r：读取权限，数字代号为"4"。

w：写入权限，数字代号为"2"。

x：执行或切换权限，数字代号为"1"。

-：不具任何权限，数字代号为"0"。

s：特殊权限。

【语法】

chmod [-cfRv][--help][--version][<权限范围>+/-/=<权限设置...>][文件或目录...]

chmod [-cfRv][--help][--version][数字代号][文件或目录...]

chmod [-cfRv][--help][--reference=<参考文件或目录>][--version][文件或目录...]

【参数说明】

-c 或--changes：效果类似"-v"参数，但仅回报更改的部分。

-f 或--quiet 或--silent：不显示错误信息。

-R 或--recursive：递归处理，将指定目录下的所有文件及子目录一并处理。

-v 或--verbose：显示指令执行过程。

--help：在线帮助。

--reference=<参考文件或目录>：把指定文件或目录的权限全部设成和参考文件或目录的权限相同

--version：显示版本信息。

<权限范围>+<权限设置>：开启权限范围的文件或目录的该项权限设置。

<权限范围>-<权限设置>：关闭权限范围的文件或目录的该项权限设置。

<权限范围>=<权限设置>：指定权限范围的文件或目录的该项权限设置。

【范例】

范例一：

将档案 file1.txt 设为所有人皆可读取：

chmod ugo+r file1.txt

将档案 file1.txt 设为所有人皆可读取：

chmod a+r file1.txt

将档案 file1.txt 与 file2.txt 设为该档案拥有者，与其所属同一个群体者可写入，但其他以外的人则不可写入：

chmod ug+w,o-w file1.txt file2.txt

将 ex1.设定为只有该档案拥有者可以执行：

chmod u+x ex1

将目前目录下的所有档案与子目录皆设为任何人可读取：

chmod -R a+r *

当其他用户执行 oracle 的 sqlplus 这个程序时，他的身份因这个程序暂时变成 oracle。

chmod u+s sqlplus

此外，chmod 也可以用数字来表示权限，如 chmod 777 file。

语法为：chmod abc file

其中 a、b、c 各为一个数字，分别表示 User、Group 及 Other 的权限。

r=4，w=2，x=1

若要 rwx 属性，则 4+2+1=7；

若要 rw-属性，则 4+2=6；

若要 r-x 属性，则 4+1=5。

范例二：

chmod a=rwx file 和 chmod 777 file 效果相同，chmod ug=rwx,o=x file 和 chmod 771 file 效果相同，若用 chmod 4755 filename 可使此程式具有 root 的权限。

范例三：

如果在 cd /media/amasun/java/develop/array 之后执行 chmod 777 ./是将本目录（即/media/amasun/java/develop/array）设为任何人可读、写、执行。如果是管理员也就是常说的 ROOT 用户的话，基本上有可以查看所有文件的权力。

3. 目录操作命令

（1）mkdir 与 rmdir。

mkdir 用于建立新目录，rmdir 用于删除目录。用 rmdir 删除目录时，目录必须是空目录，且必须在上级目录进行删除操作。mkdir 命令与-p 参数结合使用，可快速创建出目录结构中指定的每个目录，对于已存在的目录不会被覆盖。

（2）pwd。

pwd 是 print working directory 的缩写，该命令用于显示当前工作目录。

（3）cd。

用于改变当前目录，基本用户为"cd 目录名"，表示进入指定的目录，使该目录成为当前目录。在 Linux 中，直接执行 cd，不跟任何参数或跟 "~" 参数，则表示进入当前用户对应的宿主目录，或 "~" 后面跟一用户名，则进入到该用户的宿主目录。

4. 文件操作命令

（1）ls 命令。

ls 命令用于列出一个或多个目录下的内容，该命令支持很多参数，常用参数及功能如下所示：

-d：列出目录名，不列出目录内容。

-l：按长格式显示（包括文件大小、日期、权限等详细信息），同时还要显示文件的 i 节点（inode）值。

-m：文件名之间用逗号隔开。

-x：按水平方向对文件名进行排序。

-a：列出所有文件（包括"."各".."文件以及其他以"."开始的隐藏文件。

-A：列出所有文件，不列出.和..文件。

-C：按垂直方向对文件名进行排序。

-F：区分目录，链接和可执行文件。文件后将附加显示表示文件类型的符号，*表示可执行./表示目录，@表示链接文件。

-R：循环列出目录内容，限列出所有子目录下的文件。

-S：按大小对文件进行排序。

-color：启用彩色显示方案，利用颜色区分不同类型的文件，目前 ls 命令已内置该功能。

（2）cp 命令。

cp 是 copy 的缩写，可用于目录或文件的复制。其用法为：

　　cp [参数选项]源文件　目标文件

默认情况下，cp 命令会直接覆盖已存在的目标文件，若要求显示覆盖提示，可使用-i 参数，选用-r 可以实现将源目录下的文件和子目录一并复制到目标目录中。

（3）rm 命令。

rm（remove）命令用于删除文件或目录。在命行中可包含一个或多个文件名（各文件间用空格分隔）或通配符，以实现删除多个文件。其用法为：

　　rm [参数选项]　文件名或目录名

在 Linux 系统中，文件一旦被删除，就无法再挽回了，因此删除操作一定要小心，为此可在执行该命令时，选用-i 参数，以使系统在删除之前，显示删除确认询问。新版的 Linux 都定义了 rm -i 命令的别名为 rm，因此执行时，-i 参数就可省略了。若不需要提示，则使用-f(force)选项，此时将直接删除文件或目录，而不显示任何警告消息，使用时应备加小心。

删除目录，则必须带-r(recursive)参数，否则该命令的执行将失败。带上-r 参数后，该命令将删除指定目录及其目录下的所有文件和子目录。

（4）mv 命令。

mv 是 move 的缩写，该命令用于移动或重命名目录或文件。Linux 系统没有重命名命令，因此，可利用该命令来间接实现。其用法为：

　　mv [参数选项]源目录或文件名　目标目录或文件名

使用该命令可将文件移动到另一个目录之下，若目标文件已存在，则会自动覆盖，除非使用-i 选项。若使用-b(backup)参数，则在覆盖已存在的文件前，系统会自动创建原已存在文件的一个备份，备份文件名为原名称后附加一个"~"符号。

mv 命令也可移动整个目录。如果目标目录不存在，则重命名源目录；若目标目录已存在，则将源目录连同该目录下面的子目录，移动到目标目录之中。

（5）touch 命令。

touch 命令用于更新指定的文件或目录被访问和修改时间为当前系统的日期和时间。查看当前系统日期和时间，使用 date 命令。

若指定的文件不存在，则该命令将以指定的文件名自动创建出一个空文件。这也是快速创建文件的一个途径，比如要创建两个没有内容的空文件 file1 和 file2，则操作命令为：

touch file1 file2

各文件间用空格进行分隔。

（6）ln 命令。

ln 用于创建链接文件。当需要在不同的目录中，用到相同的某文件时，不需要在每一个目录下都放一个该文件，这样会重复占用磁盘空间，也不便于同步管理，为此，可在某个特定的目录中放置该文件，然后在其他需要该文件的目录中，利用 ln 命令创建一个指向该文件的链接（link）即可，所生成的文件即为链接文件或称符号链接文件。在 Linux 中，链接方式有硬链接（hard link）和软链接（soft link）两种。

1）软链接。

将会生成一个很小的链接文件，该文件的内容是要链接到的文件的路径，原文件删除后，软链接文件也就失去了作用,删除软链接文件,对原文件无任何影响,类似于 Windows 操作系统的快捷方式。软链接可以跨越各种文件系统的挂载的设备。创建软件链接,使用带-s(symbolic link)选项的 ln 命令,其用法为:

  ln -s 原文件或目录名 要链接的文件或目录名

2)硬链接。

文件都是被写到硬盘上的某个物理位置,该物理位置称作 i 节点(inode),它是获得文件内容的一个入口地址,而每个 i 节点都有一个编号,利用 ls -i 命令可以查看每个文件对应的 i 节点值,创建硬链接,实质就是建了另外一个指向同一 i 节点的文件。硬链接使用不带-s 参数的 ln 命来创建,其用法为:

  ln 原文件 要链接的文件名

硬链接无法跨越不同的文件系统,分区和挂载的设备,只能在原文件所在的同一磁盘的同一分区上创建硬链接,而且硬链接只针对文件,不能用于目录。

(7)查看文本文件的内容。

1)用 cat 命令查看。

cat 是 concatenate 的缩写,该命令用于将文件的内容打印输出到显示器或终端窗口上,常用于查看内容不多的文件的内容,长文件会因滚动太快而无法阅读。相当于 DOS 系统的 type 命令。在 cat 命令后面可指定多个文件,或使用通配符实现依次显示多个文件的内容。使用-n 参数选项,在显示时将为各行加上行编号。

2)使用 more 或 less 命令查看。

对于内容较多的文件,不适合于用 cat 命令来查看,此时可用 more 或 less 命令来查看。more 命令可实现分屏显示文件内容,按任意一键后,系统会自动显示下一屏的内容,到达文件末尾后,命令执行即结束。

less 比 more 功能更强大,除了有 more 的功能外,还支持用光标键向上或向下滚动浏览文件的功能,对于宽文件还支持水平滚动,当到达文件末尾时,less 命令不会自动退出,需要输入 q 来结束浏览。同样可以指定多个文件或使用通配符查看多个文件的内容。

3)head 与 tail 命令。

head 命令用来查看一个文件前面部分的信息,默认显示前面 10 行的内容,也可指定要查看的行数,其用法为:

  head -要查看的行数 文件名

tail 命令的功能与 head 相反,用于查看文件的最后若干行的内容,用法与 head 相同。另外,tail 命令若带上-f 参数,则可实现不停地读取和显示文件的内容,以监视文件内容的变化。

(8)grep 命令。

在 Linux 系统中,grep 命令是一种强大的文本搜索工具,它能使用正则表达式搜索文本,并把匹配的行打印出来。grep 全称是 Global Regular Expression Print,表示全局正则表达式版本,它的使用权限是所有用户。

1)格式。

grep [options]

2)主要参数。

[options]主要参数:

-c：只输出匹配行的计数。
-I：不区分大小写（只适用于单字符）。
-h：查询多文件时不显示文件名。
-l：查询多文件时只输出包含匹配字符的文件名。
-n：显示匹配行及行号。
-s：不显示不存在或无匹配文本的错误信息。
-v：显示不包含匹配文本的所有行。

pattern 正则表达式主要参数：

\：忽略正则表达式中特殊字符的原有含义。

^：匹配正则表达式的开始行。

$：匹配正则表达式的结束行。

\<：从匹配正则表达式的行开始。

\>：到匹配正则表达式的行结束。

[ ]：单个字符，如[A]，即 A 符合要求。

[-]：范围，如[A-Z]，即 A、B、C 一直到 Z 都符合要求。

。：所有的单个字符。

*：有字符，长度可以为 0。

3）grep 命令使用简单实例。

$ grep 'test' d*

显示所有以 d 开头的文件中包含 test 的行。

$ grep 'test' aa bb cc

显示在 aa、bb、cc 文件中匹配 test 的行。

$ grep '[a-z]\{5\}' aa

显示所有包含每个字符串至少有 5 个连续小写字符的字符串的行。

$ grep 'w\(es\)t.*\1' aa

如果 west 被匹配，则 es 就被存储到内存中，并标记为 1，然后搜索任意个字符（.*），这些字符后面紧跟着另外一个 es(\1)，找到就显示该行。如果用 egrep 或 grep -E，就不用"\"号进行转义，直接写成'w(es)t.*\1'就可以了。

（9）diff 命令。

用于比较两个文件或两个目录的不同之处，其用法为：

    diff [-r] 文件或目录名 1 文件或目录名 2

若是对目录进行比较，则应带上-r 参数。

（10）>、>>与<、<<重定向操作。

1）>、>>输出重定向符。

输出重定向符能实现将一个命令的输出重定向到一个文件中，而不是显示屏幕。该重定向符通常也与 cat 命令结合使用，从而实现文件的创建与合并等操作，比如要将 file1.txt 和 file2.txt 的内容合并，并将合并后的内容传输给 file3.txt 文件保存，此时就可使用标准输出重定向符">"来实现，其操作命令为：

    #cat file2.txt file2.txt>file3.txt

利用 cat >file.txt 命令格式，还可实现将键盘输入的内容添加到指定的 file.txt 文件中，输入完毕后按 Ctrl+D 组命键存盘退出，若要放弃存盘，则按 Ctrl+C 组合键终止退出。若 file.txt 文件已存在，执行 cat>file.txt 命令后，将覆盖原文件的内容，若要不覆盖，以追加的方式添加，则换成">>"（追加）重定向符即可，此时用法为 cat>>file.txt。

2）<、<<输入重定向符。

"<"为标准输入重定向符，用于改变一个命令的输入源。比如 cat<file1.txt 命令，它读取 file1.txt 文件中的内容，并显示输出的屏幕上。

"<<"为此处操作符（here operator），该操作符从键盘读取内容时，读到指定的字符串时，便停止读取动作，然后将所读的内容输出，其与 cat 命令结合使用时的用法为：

    cat<<结束读取的标识字符串

例如，执行命令：cat<<end>file.txt，然后从键盘输入一些字符串，当输入的字符串含有 end 时，其读取动作就会结束，并开始输出刚才所读的字符串，此处由于使用">"定向符将输出重新指向了 file.txt 文件，因此，刚才所读的内容将保存在 file.txt 文件中，使用 more file.tx 命令即可看到其内容。

5．Linux 权限设置

用 chmod 来修改文件权限。每一种权限都被赋予了一个值（r=4，w=2，x=1，-=0），使用每组三个值相加得到的数字就可以建立权限。例如 rwx 的权限值为 7（4+2+1=7），r-x 为 5（4+0+1=5）。

赋值的另一种方法是用"+"和"-"两个符号打开或关闭特定的文件权限。可以为所有者用户（u）、所有者组（o）和所有用户（a）来执行操作，比如我们对完全权限（rwxrwxrwx）的 test 文件夹关闭所有用户的写权限：

    chmod　a-w test，得到的文件夹权限为：r-xr-xr-x。

再对所有者开启写权限：chmod u+w test，得到的文件夹权限为：rwxr-xr-x。

另外，"+"和"-"后并不一定是一个字符，比如：u+rw、ug+rx 等都是允许的。

批量修改权限：

运用递归（-R）可以一次性修改所有文件和目录的权限，如果想给/test 目录中的所有文件和目录授予完全权限，可以输入：

    chmod -R 777 test

6．Linux 软件安装命令及步骤

（1）安装.tar.gz 软件包，首先使用 tar -xzvf 来解开这个包，如：

tar -xzvf apache_1_3_6_tar.gz

tar 命令参数解释：

x：从档案文件中释放文件。

z：用 gzip 来压缩/解压缩文件，加上该选项后可以将档案文件进行压缩，但还原时也一定要使用该选项进行解压缩。

v：详细报告 tar 处理的文件信息。如无此选项，tar 不报告文件信息。

f：使用档案文件或设备，这个选项通常是必选的。这样就会在当前目录中创建了一个新目录（目录名与.tat.gz 包的文件名类似），用来存放解压了的内容。

tar 包安装过程中的常见问题：

1）没有安装 C 或 C++编译器。

确诊方法：执行命令 gcc（C++则为 g++），提示找不到这个命令。

解决方法：将 Linux 安装光盘挂载上来，然后进入 RPMS 目录，执行命令：

　　# rpm -ivh gcc*（C 或 C++编译器是 RPM 包）

2）没有安装 make 工具。

确诊方法：执行命令 make，提示找不到这个命令。

解决方法：将 Linux 安装光盘挂载上来，然后进入 RPMS 目录，执行命令：

　　# rpm -ivh make*

3）没有安装 autoconf 工具。

确诊方法：执行命令 Outoconf，提示找不到这个命令。

解决方法：将 Linux 安装光盘挂载上来，然后进入 RPMS 目录，执行命令：

　　# rpm -ivh autoconf*

4）缺少某些链接库。

确诊方法：在 make 时，提示需要某些文件。

解决方法：安装包含这个文件的包。

（2）安装.rpm 软件包。

1）安装软件：执行 rpm -ivh rpm 包名，如：

rpm -ivh apache-1.3.6.i386.rpm

rpm 参数解释：

i：安装软件包。

v：显示附加信息。

h：安装时输出哈希标记（"#"）。

2）升级软件。

rpm -Uvh rpm 包名

3）卸载软件包。

rpm -e rpm 包名

4）查询软件包的详细信息。

rpm -qpi rpm 包名

5）查询某个文件是属于哪个 rpm 包的。

rpm -qf rpm 包名

6）查该软件包会向系统里面写入哪些文件。

rpm -qpl rpm 包名

常用命令组合：

-ivh：安装显示安装进度--install--verbose--hash。

-Uvh：升级软件包--Update。

-qpl：列出 rpm 软件包内的文件信息[Query Package list]。

-qpi：列出 rpm 软件包的描述信息[Query Package install package(s)]。

-qf：查找指定文件属于哪个 rpm 软件包[Query File]。

-Va：校验所有的 rpm 软件包，查找丢失的文件[View Lost]。

-e：删除包。

rpm -q samba //查询程序是否安装

rpm -ivh /media/cdrom/RedHat/RPMS/samba-3.0.10-1.4E.i386.rpm   #按路径安装并显示进度
rpm -ivh --relocate /=/opt/gaim gaim-1.3.0-1.fc4.i386.rpm   #指定安装目录
rpm -ivh --test gaim-1.3.0-1.fc4.i386.rpm   #用来检查依赖关系；并不是真正的安装；
rpm -Uvh --oldpackage gaim-1.3.0-1.fc4.i386.rpm   #新版本降级为旧版本
rpm -qa | grep httpd   #[搜索指定 rpm 包是否安装]--all 搜索*httpd*
rpm -ql httpd   #[搜索 rpm 包]--list 所有文件安装目录
rpm -qpi Linux-1.4-6.i368.rpm   #[查看 rpm 包]--query--package--install package 信息
rpm -qpf Linux-1.4-6.i368.rpm   #[查看 rpm 包]--file
rpm -qpR file.rpm   #[查看包]依赖关系
rpm2cpio file.rpm |cpio -div   #[抽出文件]
rpm -ivh file.rpm   #[安装新的 rpm]--install--verbose--hash
rpm -Uvh file.rpm   #[升级一个 rpm]--upgrade
rpm -e file.rpm   #[删除一个 rpm 包]--erase

rpm 相关问题：

①系统中安装了哪些 rpm 软件包？

rpm -qa 列出所有安装过的包，如果要查找所有安装过的包含某个字符串 SQL 的软件包：rpm -qa |grep sql。

②如何获得某个软件包的文件全名？

rpm -q mysql 可以获得系统中安装的 MySQL 软件包全名，从中可以获得当前软件包的版本等信息。这个例子中可以得到信息 mysql-3.23.54a-11。

③一个 rpm 包中的文件安装到哪里去了？

rpm -ql 包名，注意这里的是不包括.rpm 后缀的软件包的名称，也就是说只能用 MySQL 或者 mysql-3.23.54a-11 而不是 mysql-3.23.54a-11.rpm。如果只是想知道可执行程序放到哪里去了，也可以用 which，比如 which mysql。

④一个 rpm 包中包含哪些文件？

一个没有安装过的软件包，使用 rpm -qlp ****.rpm。一个已经安装过的软件包，还可以使用 rpm -ql ****.rpm。

⑤软件包文件名中的 i386、i686 是什么意思？

rpm 软件包的文件名中，不仅包含了软件名称、版本信息，还包括了适用的硬件架构的信息。i386 指这个软件包适用于 intel 80386 以上的 x86 架构的计算机（AI32），i686 指这个软件包适用于 intel 80686 以上（奔腾 pro 以上）的 x86 架构的计算机（IA32），noarch 指这个软件包与硬件架构无关，可以通用。i686 软件包的程序通常针对 CPU 进行了优化，所以，向后兼容比较容易，i386 的包在 x86 机器上都可以用，向前一般不兼容。不过现在的计算机，奔腾 pro 以下的 CPU 已经很少用，通常配置的机器都可以使用 i686 软件包。

7. Linux 软件的卸载

（1）软件的卸载主要是使用 rpm 来进行的。卸载软件首先要知道软件包在系统中注册的名称，键入命令：

#rpm -q -a

即可查询到当前系统中安装的所有软件包。

(2) 确定了要卸载的软件名称，就可以开始实际卸载该软件了。键入命令：

#rpm -e [package name]

即可卸载软件。参数 e 的作用是使 rpm 进入卸载模式。对名称为[package name]的软件包进行卸载。由于系统中各个软件包之间相互有依赖关系。如果因存在依赖关系而不能卸载，rpm 将给予提示并停止卸载。可以使用如下的命令来忽略依赖关系，直接开始卸载：

#rpm -e [package name] -nodeps

忽略依赖关系的卸载可能会导致系统中其他的一些软件无法使用。如果想知道 rpm 包安装到哪里了呢？应该用 #rpm -ql [package name]。

(3) 如何卸载用源码包安装的软件？

最好是看 README 和 INSTALL；一般情况下都有说，但大多软件没有提供源码包的卸载方法，我们可以找到软件的安装点删除。主要看你把它安装在哪了，比如安装软件时，指定个目录。这个问题也不会难，比如用源码包安装 gaim：

    #./configure --prefix=/opt/gaim
    #make
    #make install

如果安装 mlterm：

    #./configure --prefix=/opt/mlterm
    #make
    #make install

把源码包安装的软件，都指定安装在/opt 目录中，如果删除，就删除相应的软件目录；有些软件要在解压安装目录中执行 make uninstall，这样就卸载掉了。

8. vi 编辑器

文本编辑器是所有计算机系统中最常用的一种工具。UNIX 下的编辑器有 ex、sed 和 vi 等，其中，使用最为广泛的是 vi 编辑器。vi 编辑器有 3 种工作模式：编辑模式、插入模式和命令模式。

编辑模式：进入 vi 后首先进入的就是编辑模式，屏幕上会等待用户键入命令，也即输入的字母被解释为编辑命令执行，而不是作为文本写到用户的文件中。如果想从编辑模式切换到命令模式，可按":"键进入命令模式。

插入模式：在编辑模式下输入命令 i、a、o 中任意一个都可以进入插入模式。在插入模式下，用户输入的字符被作为文件内容保存，并将在屏幕上显示，要从插入模式切换到编辑模式按 Esc 键即可。

命令模式：用来编辑、存盘和退出文件的模式。命令执行完后，vi 自动回到编辑模式。

(1) 进入 vi 的命令。

vi filename：打开或新建文件，并将光标置于第一行首。

(2) 移动光标类命令（编辑模式）。

h：光标左移一个字符。

l：光标右移一个字符。

space：光标右移一个字符。

Backspace：光标左移一个字符。

k 或 Ctrl+p：光标上移一行。

j 或 Ctrl+n：光标下移一行。
Enter：光标下移一行。
w 或 W：光标右移一个字至字首。
b 或 B：光标左移一个字至字首。
e 或 E：光标右移一个字至字尾。
)：光标移至句尾。
(：光标移至句首。
}：光标移至段落开头。
{：光标移至段落结尾。
nG：光标移至第 n 行首。
n+：光标下移 n 行。
n-：光标上移 n 行。
H：光标移至屏幕顶行。
M：光标移至屏幕中间行。
L：光标移至屏幕最后行。
0：（注意是数字零）光标移至当前行首。
$：光标移至当前行尾。

（3）屏幕翻滚类命令。

Ctrl+u：向文件首翻半屏。
Ctrl+d：向文件尾翻半屏。
Ctrl+f：向文件尾翻一屏。
Ctrl+b：向文件首翻一屏。
nz：将第 n 行滚至屏幕顶部，不指定 n 时将当前行滚至屏幕顶部。

（4）插入文本类命令。

i：在光标前。
I：在当前行首。
a：光标后。
A：在当前行尾。
o：在当前行之下新开一行。
O：在当前行之上新开一行。
r：替换当前字符。
R：替换当前字符及其后的字符，直至按 Esc 键。
s：从当前光标位置处开始，以输入的文本替代指定数目的字符。
S：删除指定数目的行，并以所输入文本代替之。
ncw 或 nCW：修改指定数目的字。
nCC：修改指定数目的行。

（5）删除命令。

ndw 或 ndW：删除光标处开始及其后的 n-1 个字。
do：删至行首。

d$：删至行尾。

ndd：删除当前行及其后 n-1 行。

x 或 X：删除一个字符，x 删除光标后的，而 X 删除光标前的。

Ctrl+u：删除输入方式下所输入的文本。

（6）搜索及替换命令（命令模式）。

/pattern：从光标开始处向文件尾搜索 pattern。

?pattern：从光标开始处向文件首搜索 pattern。

n：在同一方向重复上一次搜索命令。

N：在反方向上重复上一次搜索命令。

:n1,n2s/p1/p2/g：将第 n1 至 n2 行中所有 p1 均用 p2 替代。

:g/p1/s//p2/g：将文件中所有 p1 均用 p2 替换。

（7）最后行方式命令。

:n1,n2 co n3：将 n1 行到 n2 行之间的内容拷贝到第 n3 行下。

:n1,n2 m n3：将 n1 行到 n2 行之间的内容移至到第 n3 行下。

:n1,n2 d：将 n1 行到 n2 行之间的内容删除。

:wq：保存当前文件并退出。

:q：退出 vi。

:q!：不保存文件并退出 vi。

:!command：执行 shell 命令 command。

:n1,n2 w!command：将文件中 n1 行至 n2 行的内容作为 command 的输入并执行之，若不指定 n1，n2，则表示将整个文件内容作为 command 的输入。

【拓展任务】

1. 利用虚拟机软件在自己的计算机上安装 Linux 操作系统。
2. 设置 Linux 桌面环境，熟悉 Linux 操作系统的使用。
3. 完成下面操作，熟悉 vi 编辑器的使用。

（1）在/root 这个目录下建立一个名为 test 的目录；

（2）进入 test 这个目录当中；

（3）将/etc/man.config 拷贝到本目录下；

（4）使用 vi 开启本目录下的 man.config 这个文件；

（5）在 vi 中设定一下行号；

（6）移动到第 62 行，向右移动 40 个字符，请问你看到的双引号内是什么目录？

（7）移动到第一行，并且向下搜寻一下 "teTeX" 这个字符串，请问它在第几行？

（8）将 50 到 120 行之间的 man 改为 MAN，如何下达指令？

（9）复制 51 到 60 行这十行的内容，并且粘贴到最后一行之后；

（10）删除 1 到 20 行之间的 20 行；

（11）将这个文件另存成一个 man.test.config 的文件名；

（12）去到第 28 行，并且删除 10 个字符；

（13）请问目前的文件有多少行？

（14）保存退出。

参考文献

[1] 明日科技. PHP 从入门到精通[M]. 北京：清华大学出版社，2008.
[2] 杨明华，谭励，于重重. LAMP 网站开发黄金组合[M]. 北京：电子工业出版社，2008.
[3] 软件开发技术联盟. PHP 开发实战[M]. 北京：清华大学出版社，2013.
[4] 李开涌. PHP MVC 开发实战[M]. 北京：机械工业出版社，2013.
[5] 曾棕根. LAMP 程序设计[M]. 北京：北京大学出版社，2012.
[6] LUPA. LAMP 系统工程师实用教程[M]. 北京：科学出版社，2008.
[7] 丁月光，孙更新，言吉辉. PHP+MySQL 动态网站开发[M]. 北京：清华大学出版社，2008.
[8] 崔洋，贺亚茹. MySQL 数据库应用从入门到精[M]. 北京：中国铁道出版社，2013.
[9] 张建华. LAMP 从入门到精通[M]. 浙江：浙江大学出版社，2006.
[10] 丁革建，曾棕根，王基一. LAM 开发实践教程[M]. 北京：中国铁道出版社，2009.
[11] 何俊斌，陈浩. 从零开始学 PHP[M]. 北京：电子工业出版社，2011.
[12] 塔特罗（Tatroe K.），麦金太尔（MacIntyre P.），勒多夫（Ixrdorf R.）. PHP 编程[M]. 江苏：东南大学出版社，2013.
[13] Mart Zandstra，陈浩，吴孙滨，胡丹. 深入 PHP：面向对象、模式与实践[M]. 北京：人民邮电出版社，2011.
[14] 潘凯华，刘中华. PHP 开发实战 1200 例[M]. 北京：清华大学出版社，2011.
[15] 于荷云. PHP+MySQL 网站开发全程实例[M]. 北京：清华大学出版社，2012.